【日】宝库社　编著
张艳辉　译

钩针编织的花样&花样拼接

化学工业出版社
·北京·

Contents

目录

从一片花样开始 66

只需要片刻就能完成一件精美的作品，这就是各种花样的魅力所在。形状各异，色彩各异，随意的拼接也能让人心情愉悦。

细线钩编的小花样可以装饰于各种身边的布艺小物件的一角，缝接后就是一件独具特色的作品；如果是蓬松的马海毛钩编而成的花形花样，加上别针就是一款别致的胸花。

而且，钩编越多的花样拼接一起，更加乐趣无穷。可以是简单长编而成的围巾，或者圆边相连的桌垫等。如果增加更多的花样，还能制作成毯子及床罩，或者在花样搭配上多花心思，拼接出造型各异的靠垫、桌垫、帽子等。不同编织线的搭配，不同颜色的搭配，以及各种拼接方式的搭配，制作前的思想创意就让人兴奋不已。

本书中，详尽介绍了花样的钩编方法及拼接方法。虽然花样的造型可谓数之不尽，但只要熟练掌握共通的要点，便能进步很快。其次，只要理解对结构有所理解，能够制作的花样种类也会随之增多。
不妨选择一款自己喜欢的花样造型，创造出属于自己的花样拼接设计。
还等着什么，赶快动起来吧！

钩编花样前

钩编花样的必备工具

刚开始将最低限度的必备工具准备齐全就好。
首先，钩针、编织线及完工时处理线头或拼接花样时所用的毛线针等基本工具。
剪刀选择家庭常用的类型即可，但方便裁剪小边角的手工剪刀更值得推荐。
此外，如果有行数环，会使制作过程更加方便。使用时，固定于织片作为“记号”。

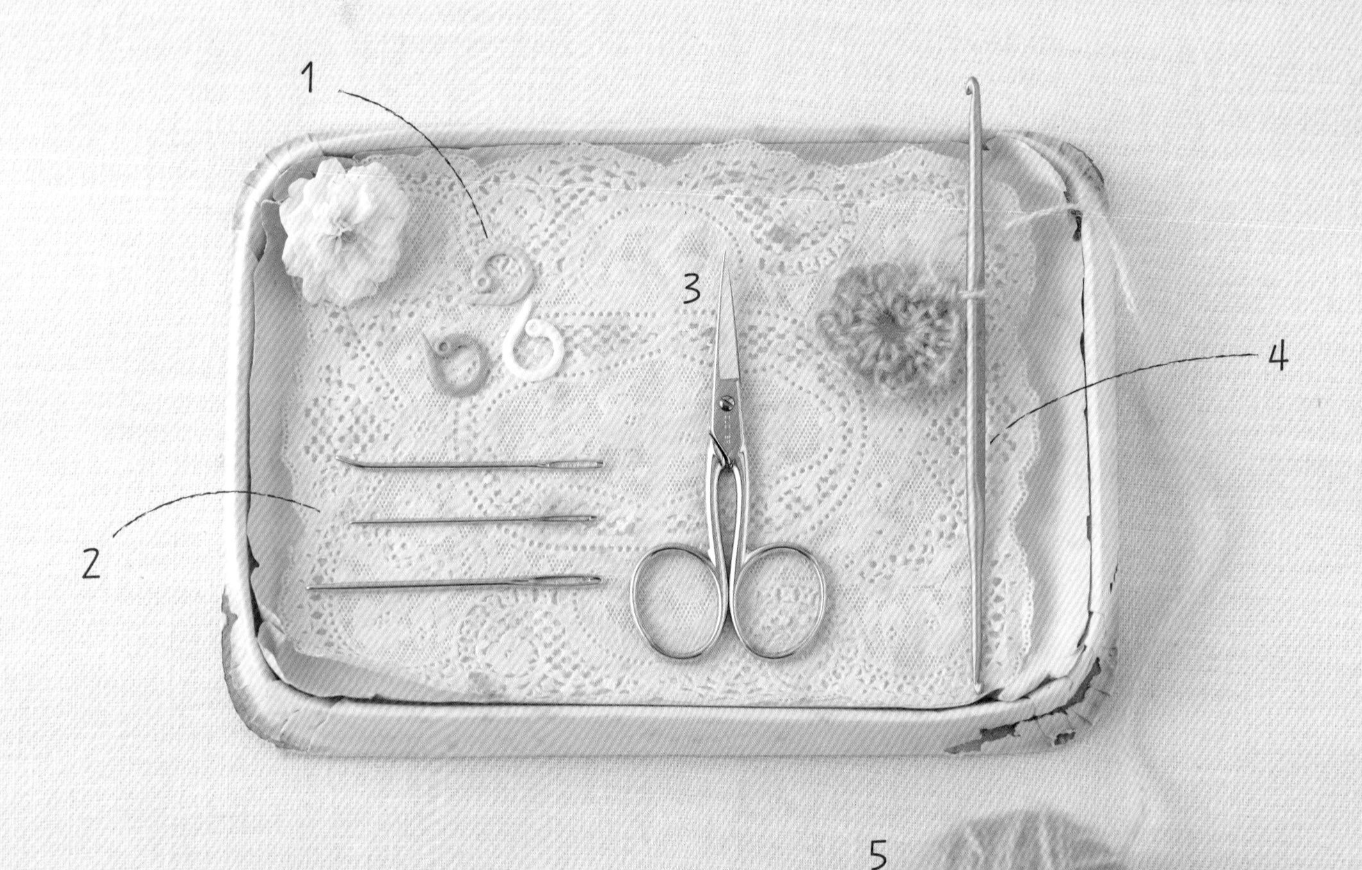

1 行数环　挂扣固定于织片，起到标记作用。
2 毛线针　有各种粗细规格，使用时对应编织线。此外，还有针头弯曲的类型，方便挑线。
3 剪刀　前端尖锐、细长部分裁剪方便的手工剪。
4 钩针　对应编织线的粗细选择大小，更容易制作。详细的使用说明见第7页。
5 编织线　材质、粗细、颜色等多种多样。详细的使用说明见第7～9页。

钩针和编织线

根据编织线的粗细，选择适用的钩针。编织线有各种各样的材质、粗细及颜色等。线团的标签上附有该编织线适用的针的号数等信息，请以此为参照第。

钩针和蕾丝针（花边针）

钩针是一种前端呈钩状，并以此进行钩编的工具。
比钩针尺寸更小的就是"蕾丝针"。钩针的粗细随着号数增加变得越粗，其号数分为2/0、3/0等；蕾丝针的粗细随着号数增加变得越细。

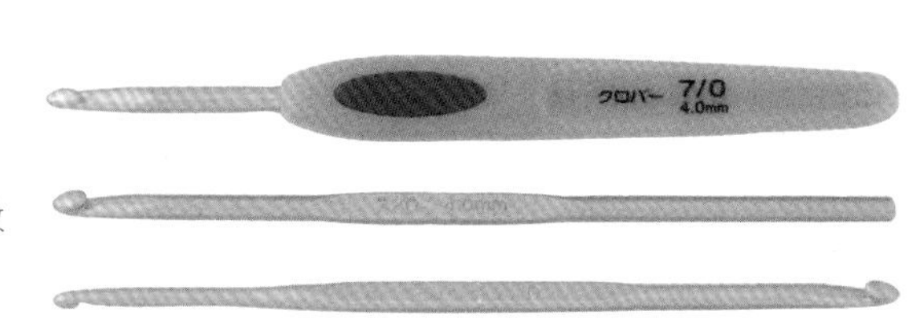

钩针中，有常规的单侧钩针或两头带不同号数的钩针等。此外，握柄越粗越容易把持，长时间钩编也不会感到手累。

钩针

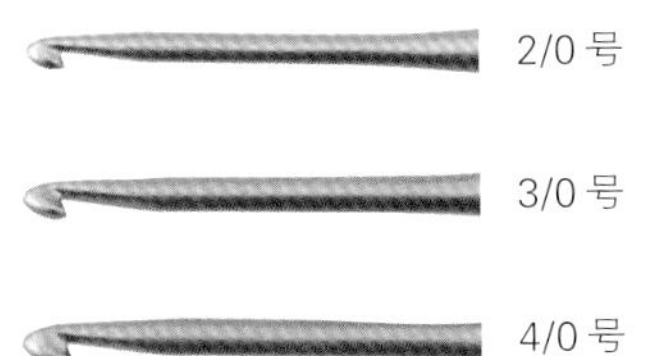

2/0号

3/0号

4/0号

5/0号

6/0号

7/0号

7.5/0号

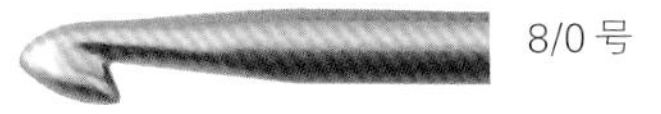

8/0号

9/0号

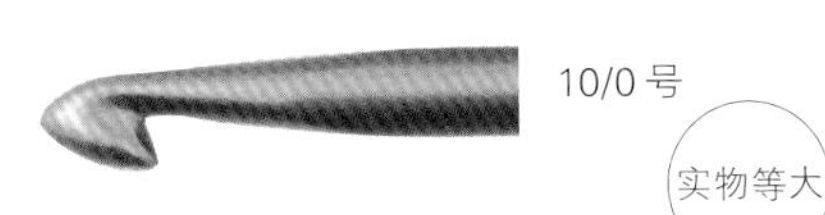

10/0号

实物等大

蕾丝针

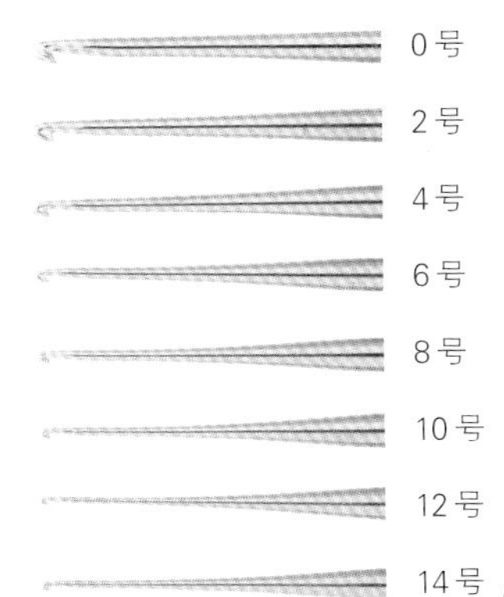

0号

2号

4号

6号

8号

10号

12号

14号

实物等大

编织线

根据其材质、粗细、颜色等，可制作出各种丰富多彩的效果。初学者可以选择5/0号钩针左右的平直编织线。

实物等大

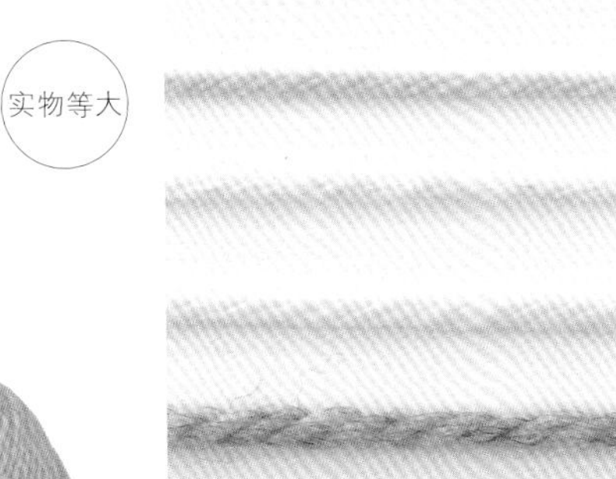

极细（蕾丝针4～0号）

细（蕾丝针0～3/0号）

中细（2/0～4/0号）

粗（3/0～5/0号）

中粗（5/0～6/0号）

极粗（6/0～8/0号）

超级粗（8/0～10/0号）

标签的识别方法

线团的标签中附带着该编织线的所有相关信息。所以，不能立刻丢弃，作品钩编钩编结束前都保持原样。

タスマニアン・ポロワースブレンド
プレミオ
法定表示:ウール100%
（内タスマニアンポロワース40%）
標準状態重量:40g
糸長:約114m
棒針 5～6号
かぎ針 5/0～6/0号
メリヤス編ゲージ（10×10cm）22～24目・31～33段
プレミオ 01
色番 5 ロット M
4 971451 459456

线的名称

线的材质

线的处理方法

线的重量及线长
同等重量下，线越细，则线长越长

适用该线的针号
不同的人所钩编的编针状态及个人喜好有所差异，并不一定按此区分使用。

色号

标准编织密度
用标签所示的棒针编织平针，10cm见方的织片的针数及行数。用于作品编织时的参照第标准。

批次
染线时的机器编号。即使色号相同，不同批次的线的色感也会有所差异。补充、购买线时请注意。

用各种线尝试钩编

虽然都是编织线，但种类各不相同。
羊毛、棉、亚麻等材质分类之外，其形状的选择也很丰富。
即使钩编同一种图案，也能表现出不同的风格。

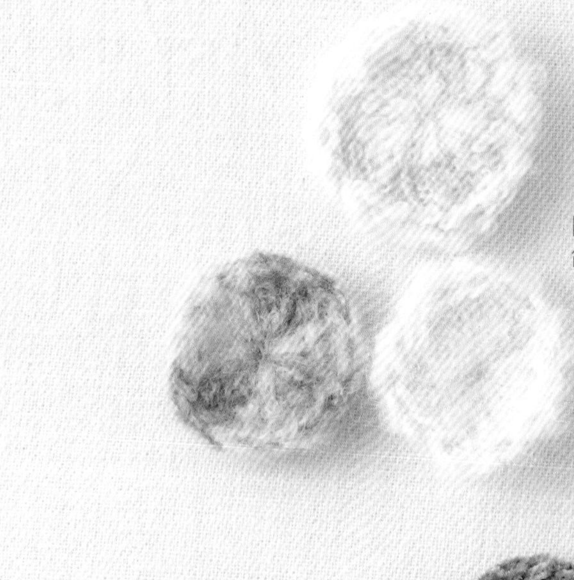

圈圈纱
简单钩编也能表现出可爱

雪尼尔纱
圆润的雪尼尔纱能够凸显立体感

带子纱
扁平的线能够表现出别样的效果。

马海毛
富含空气的马海毛质地轻且华丽

斜纹软呢
若隐若现的花点是最好的装饰

七彩纱
一根线能够体验不同颜色的钩编乐趣

用粗细不同的线尝试钩编

图片为实物等大

线的粗细不同，钩编出的花样大小也会有所差异。
此外，捻线（捻合丝线）时过于松散或材质本身都会使线中含有更多的空气。这种线看似比较粗，实际钩编的效果可能偏向细密。

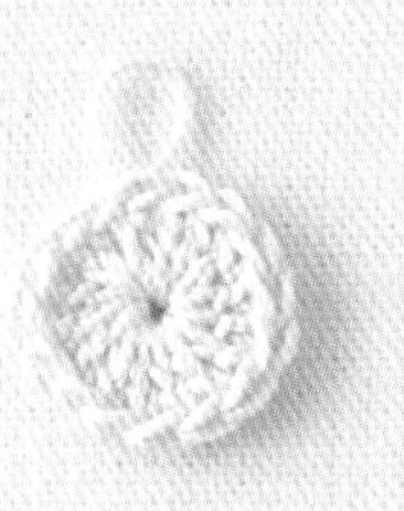

极细
蕾丝针0号

细
2/0号

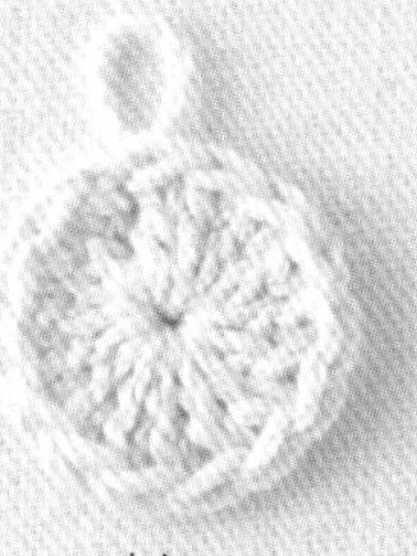

中细
3/0号

粗
4/0号

粗
5/0号

中粗
6/0号

中粗
7/0号

极粗
8/0号

超极粗
10/0号

钩针和编织线的拿法

从线团中抽出钩编起针的线

从线团的中心取出线头，并由此线头开始钩编。如果无法找到线头，将线团中心的小撮线一同取出找线头也可。注意：如果取用线团外侧的线头开始钩编，线团容易滚动，对钩编造成麻烦。

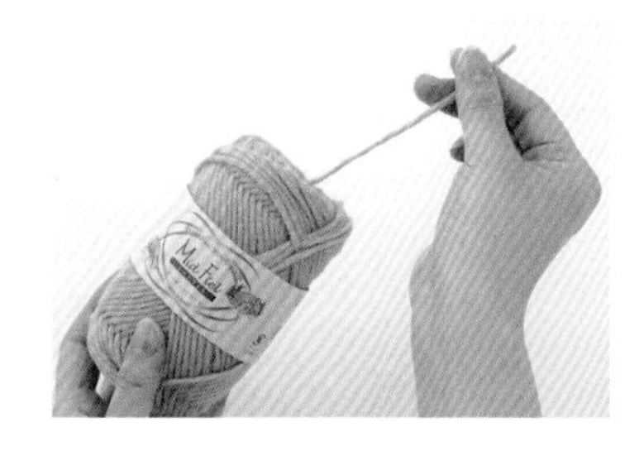

纵长缠绕的线团也同样从中心取出线头。如果不需要揭开标签即可取出线头，则保持标签的原有状态。

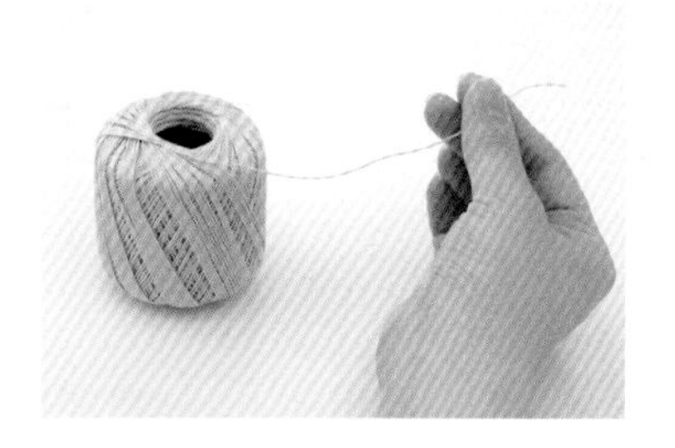

蕾丝线等线团的中心有内芯，线缠绕于内芯的情况下，可取用外侧线头钩编起针。

绕线的方法（左手）

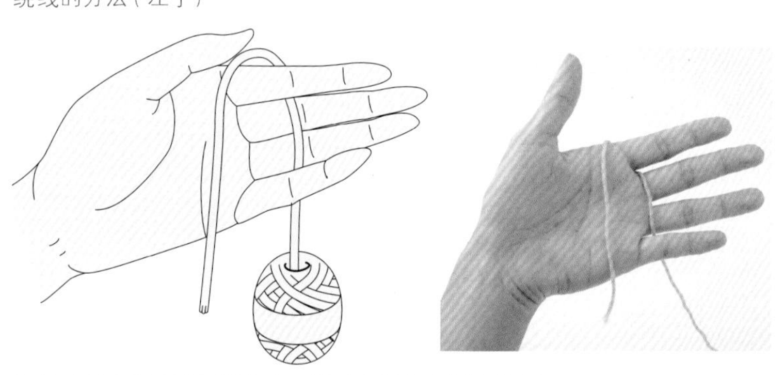

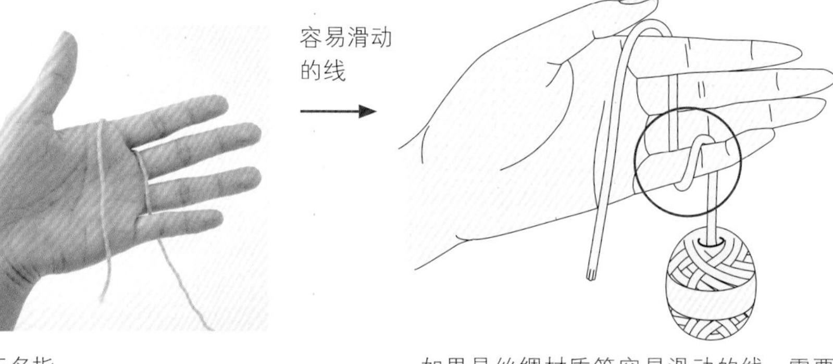

1. 线头朝向身前缠绕于左手，穿过左手的中指及无名指。

如果是丝绸材质等容易滑动的线，需要在小拇指绕上一圈，这样方便钩编。

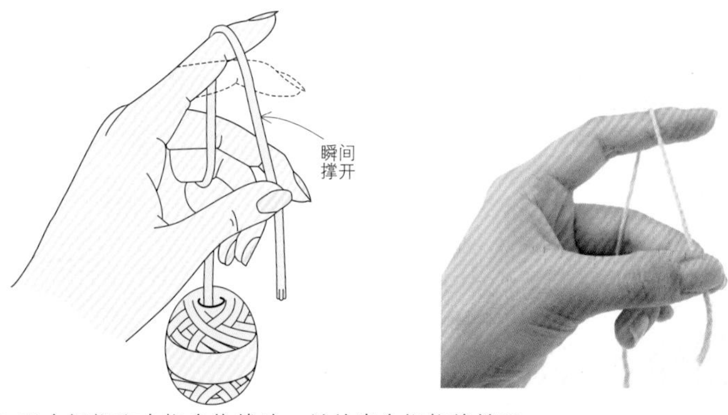

2. 用大拇指和中指拿住线头，并伸出食指将线撑开。

钩针的拿法（右手）

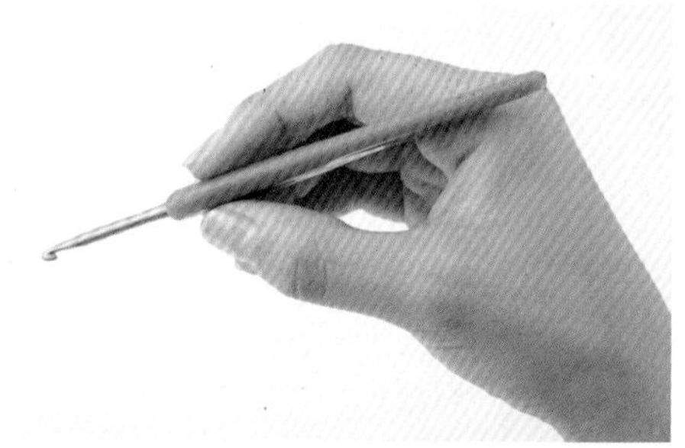

右手的大拇指和食指轻轻拿住，再贴上中指，前端的钩子部分总是保持向下。不需要很多力气也可轻松移动。

尝试钩编的基础“锁针”

按照正确方法拿起钩针和编织线后，先锁针（最初的钩编开始处）再钩编锁针。

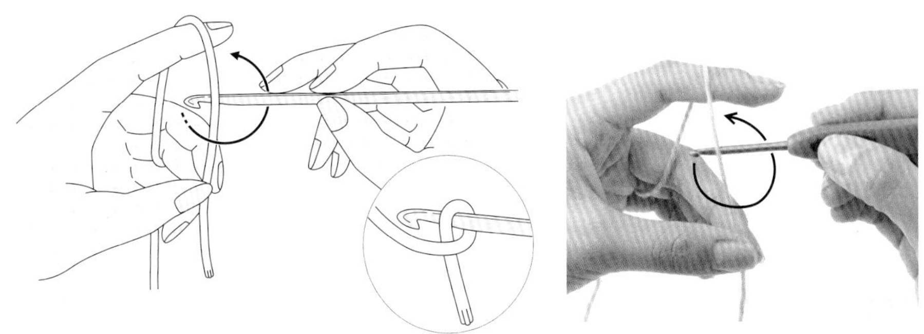

1. 将线缠绕于左手，右手拿起钩针后，如箭头所示绕圈转动钩针。

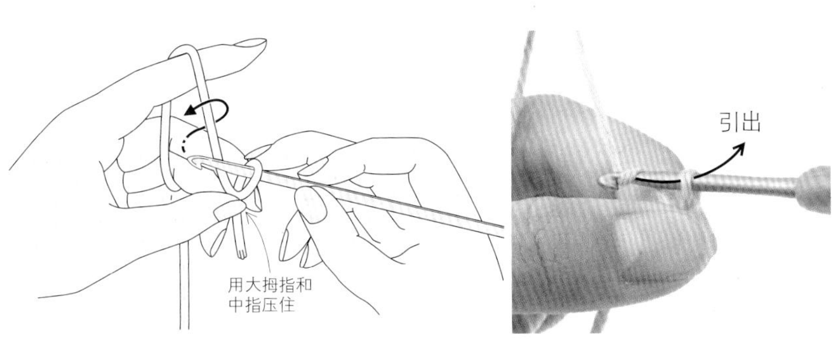

2. 用大拇指和中指压住步骤1成形的线环，如插图所示转动钩针将线缠绕，并从线环的中心引出线。

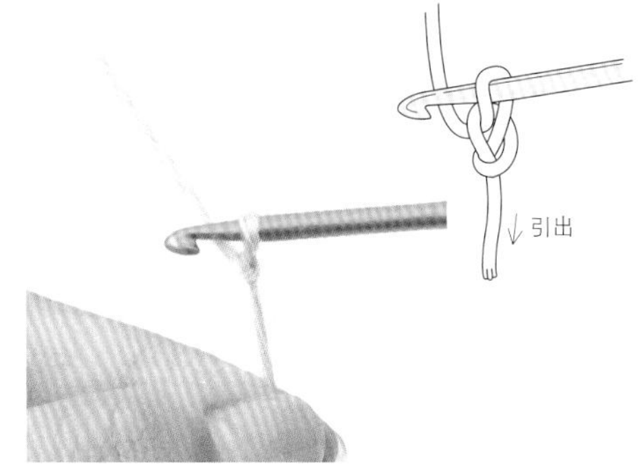

3. 拉收线头后，最初的针圈就制作完成了（此处不计算入针圈的数量。可当做钩编锁针的基础。）

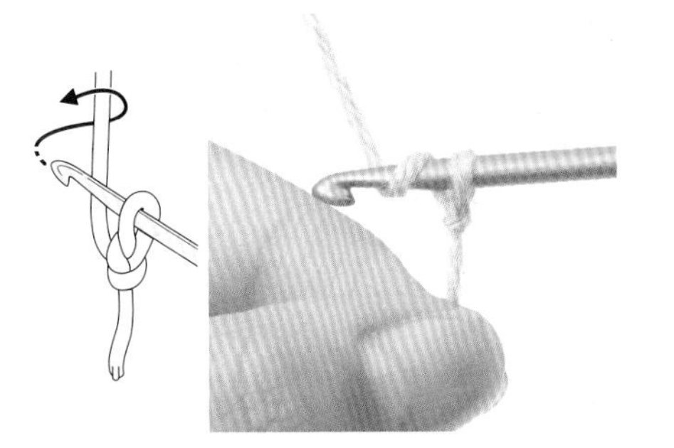

4. 如箭头所示移动钩针将线缠绕。

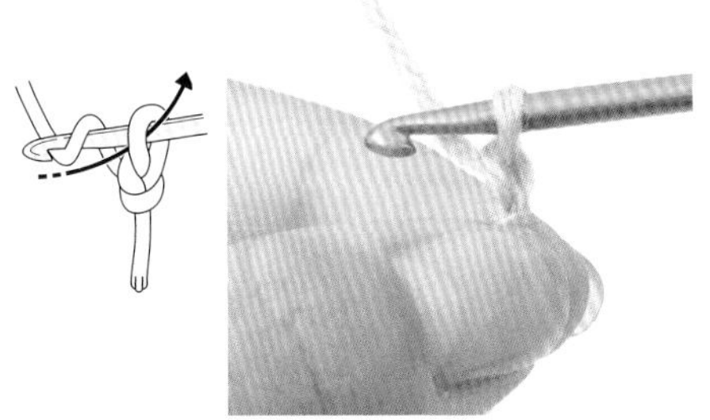

5. 从缠绕于钩针的针圈中引出线。至此，就钩编完成1针锁针。

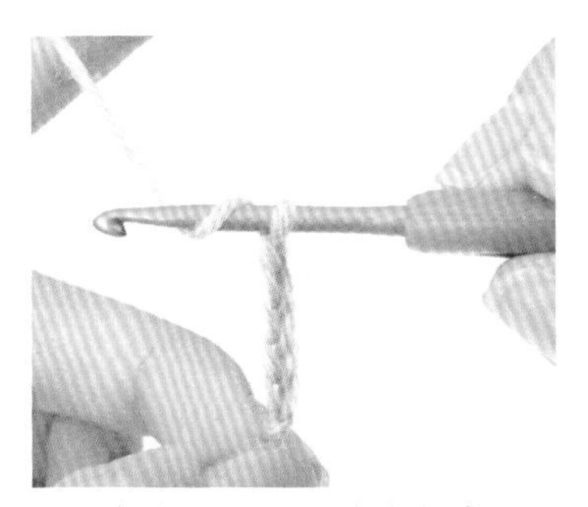

6. 重复步骤4、5，钩编完成所需的针数。

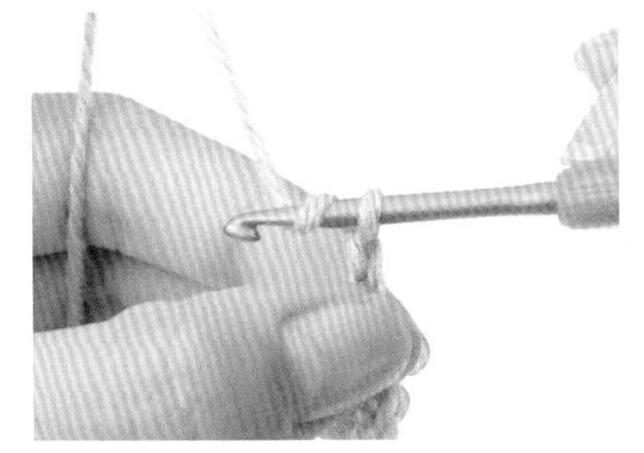

7. 对应针数的增加，左手的大拇指及中指的位置也相应移动，为了使钩编部分更加稳固，尽量靠近钩针拿持。

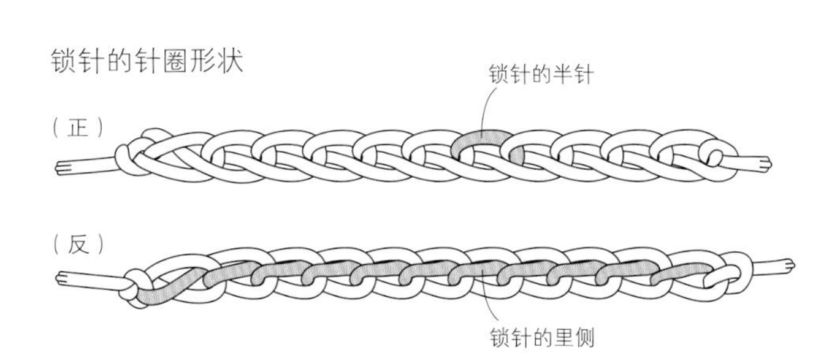

花样的钩编方法

先从简单花样开始钩编

钩编花样的关键主要分为3点。
首先，钩编开始的方法；其次，各行的钩编开始处和钩编结束处；最后，钩编结束后的线头处理。
本篇将要介绍的花样是一直看向正面整周沿相同方向钩编的简单方法，是大部分花样共通的针法基础。

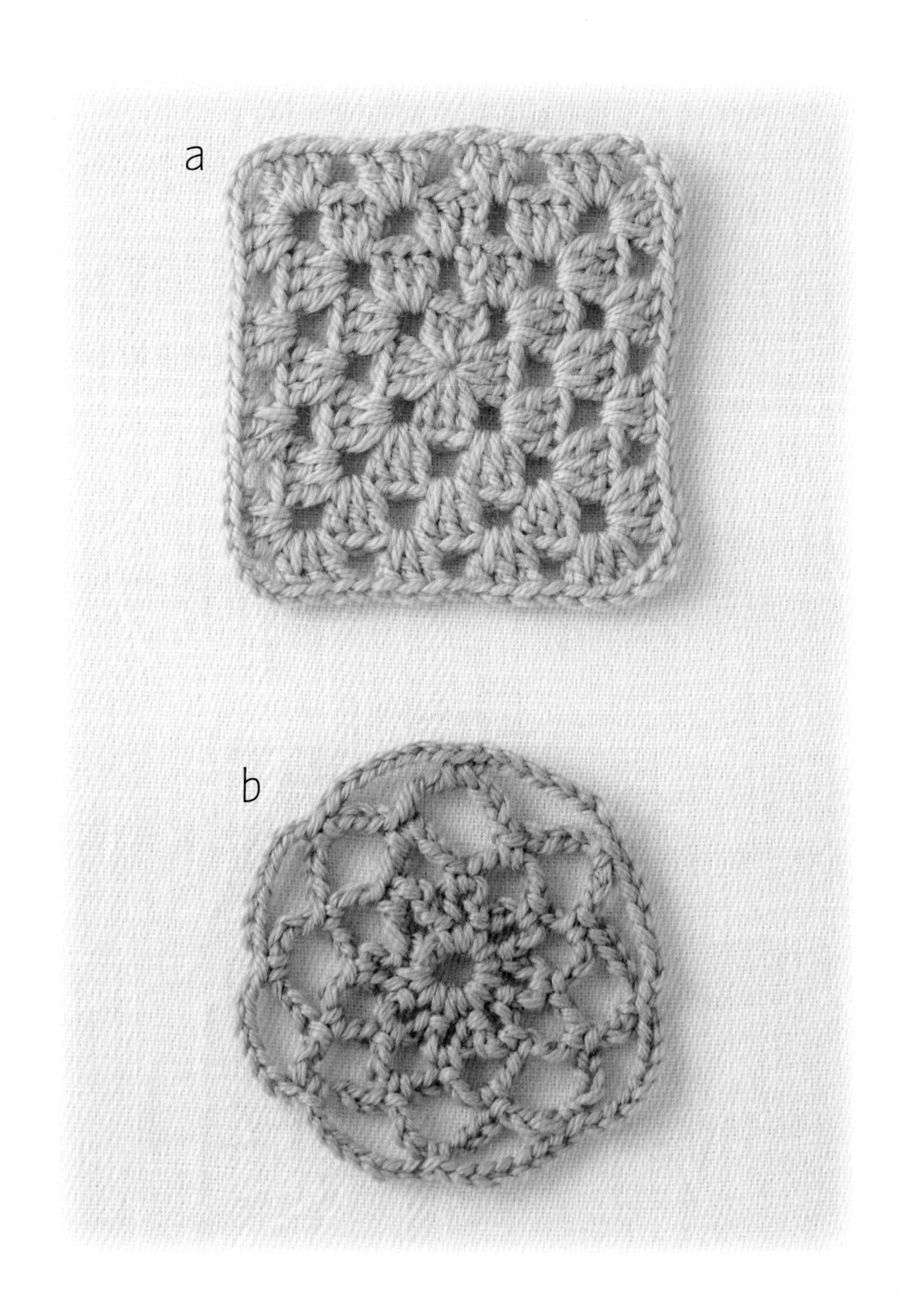

记号图

汇总了钩编时所需信息的图叫做“记号图”。记号图是表示锁针、短针、长针等编针的“编针记号”的集合体。
其中，中央的绿色部分为钩编开始处（起针处），粉红色为各行的钩编开始处（立针），橙色为钩编结束处。
基本上，按照逆时针的顺序参照第编针记号进行钩编。

a 花样的记号图

剪断

○数字
表示行数，但是，
也有不标注的情况。

钩编开始处（起针）
按照“线缠绕于手指成环形的方法”开始钩编

各行的钩编结束处
在立针的锁针第3针处钩编引拔针

各行的钩编开始处
立针为钩编3针锁针

此花样所使用的编针
…引拔针
…锁针
…长针

b 花样的记号图

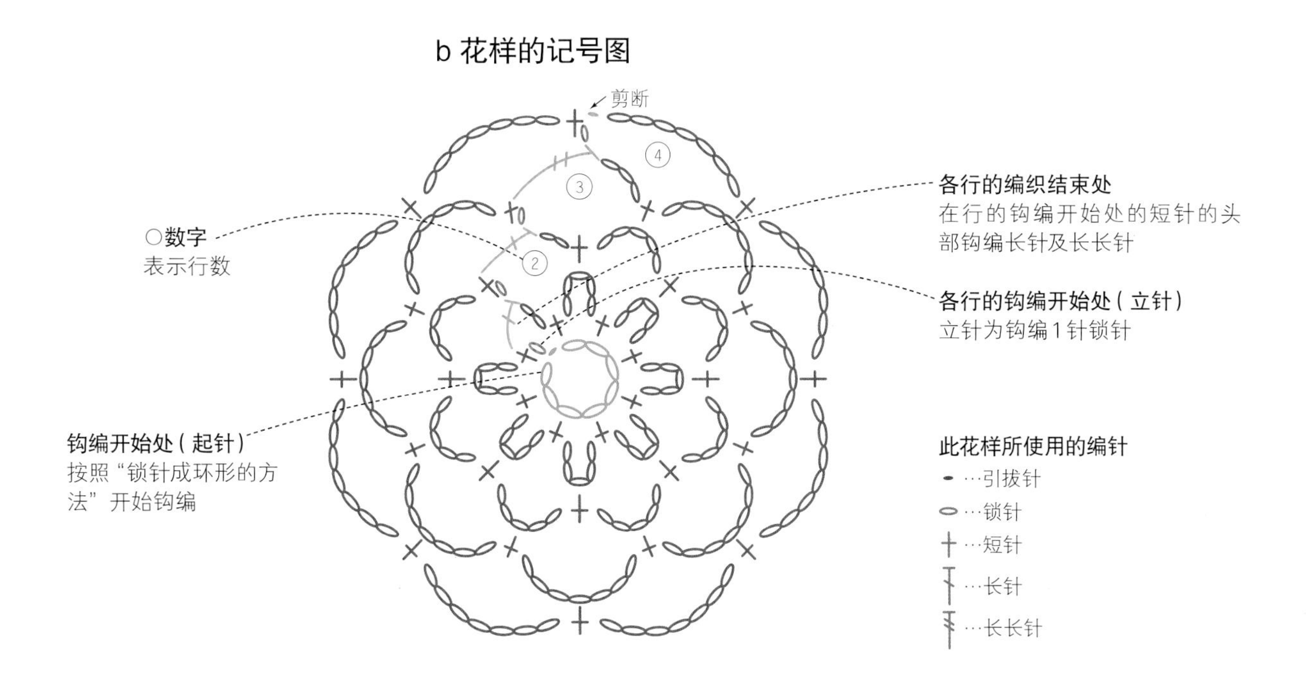

※ 编织记号的详细解说（钩编方法）刊载于第89、90页

a花样的钩编方法

Step 1 钩编开始

按照“线缠绕于手指成环形的方法”开始编织。按照此方法，钩编完成第1行之后拉收线环，所以形成中心处没有空间的花样效果。

钩编开始的记号 (中心)（也可标注为◯）

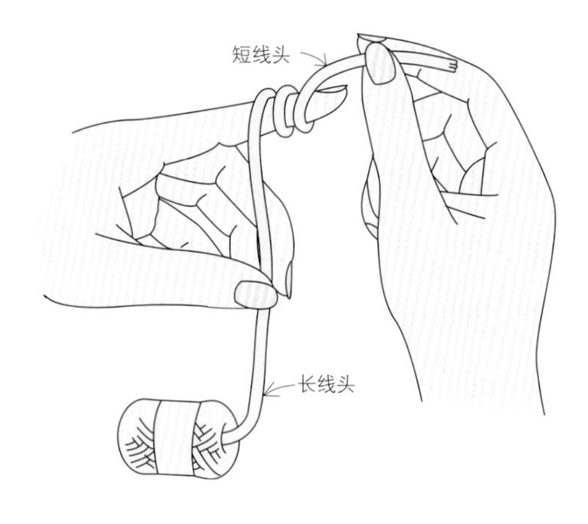

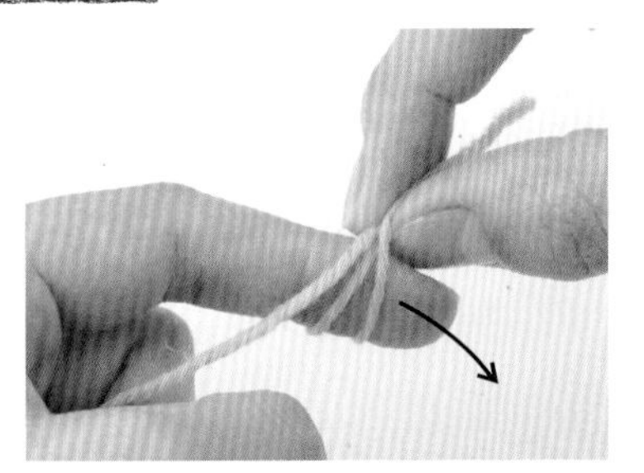

1. 如左侧的插图所示，从身前向对面，用线在左手的食指缠绕2圈。线环边压住（防止线环松脱），边从左手的手指中取出。

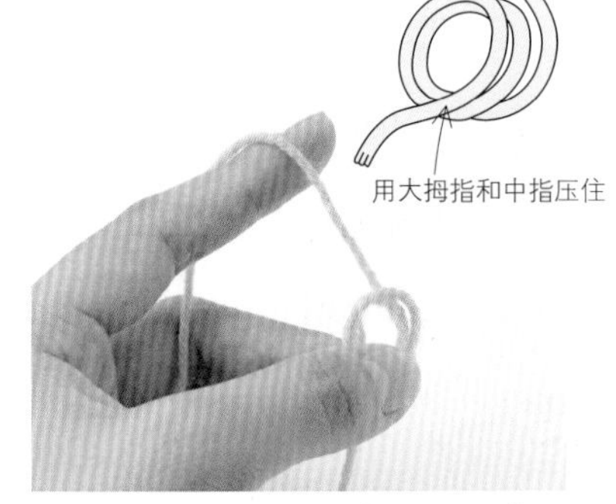

2. 线缠绕于左手后，将步骤1成形的线环换至左手。此时，用左手的大拇指和中指仅仅压住交点位置。

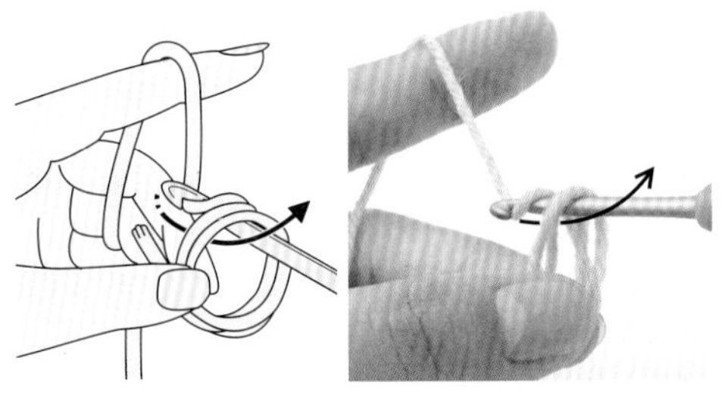

3. 钩针送入线环之中，绕线引出。

4. 再次绕线引出。

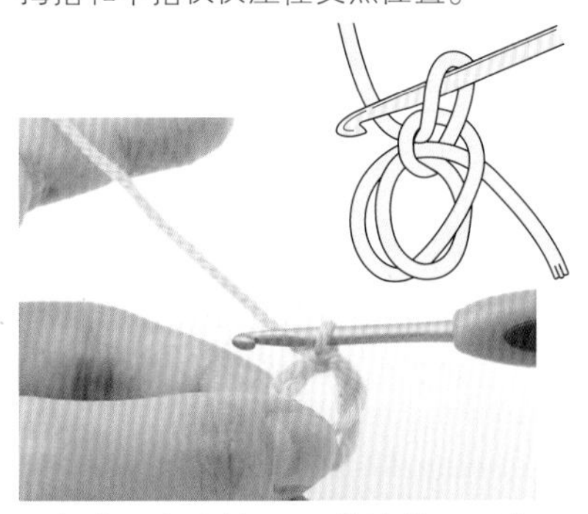

5. 拉收引出的针圈，“线缠绕于手指成环形的起针”完成。

Step 2 边看记号图边钩编

参照第13页的记号图进行钩编。钩编方法为逆时针转动，一直沿着左侧参照第编针记号。

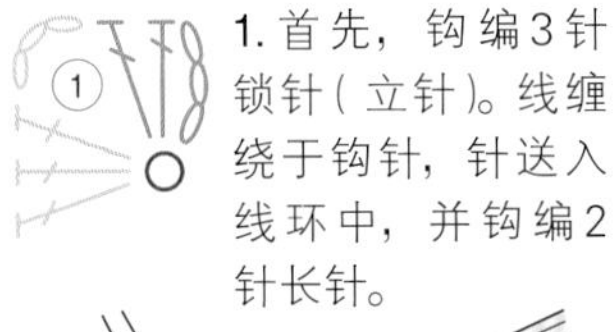

1. 首先，钩编3针锁针（立针）。线缠绕于钩针，针送入线环中，并钩编2针长针。

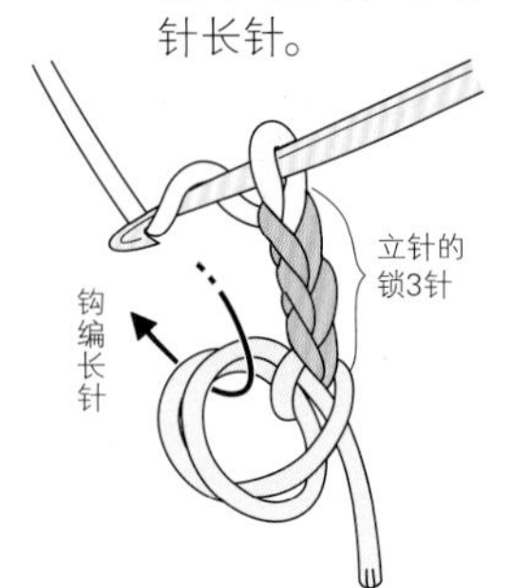

2. 长针钩编完成。接着，钩编3针锁针。

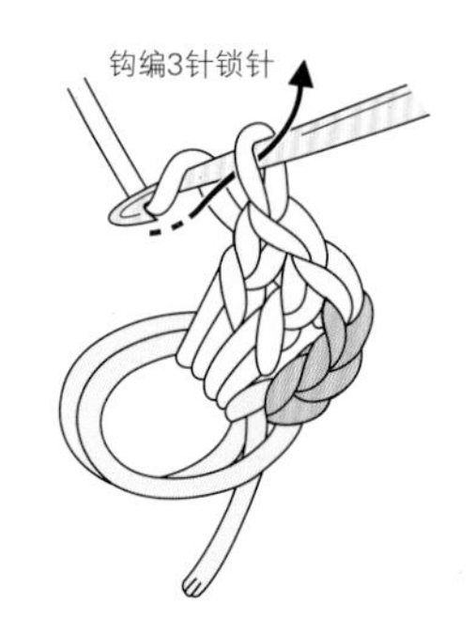

3. 锁针钩编后，按步骤1方法将钩针送入线环中，并钩编3针长针。

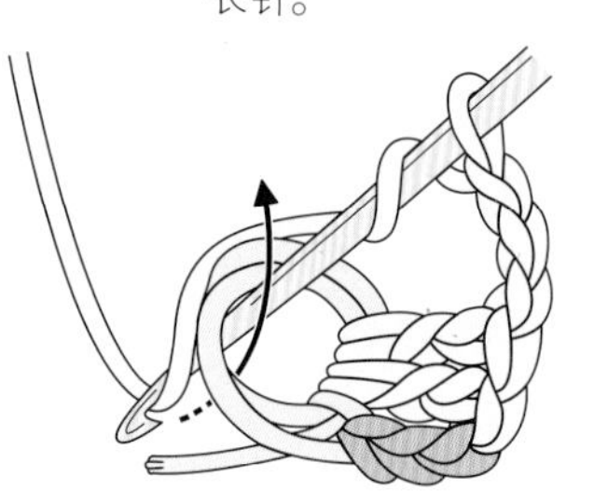

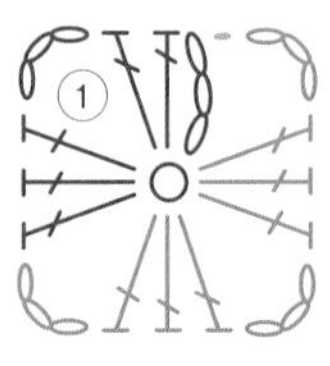

4. 参照第记号图，钩编至最后的3针锁针，并拉收起针的线环（参照第15页）。

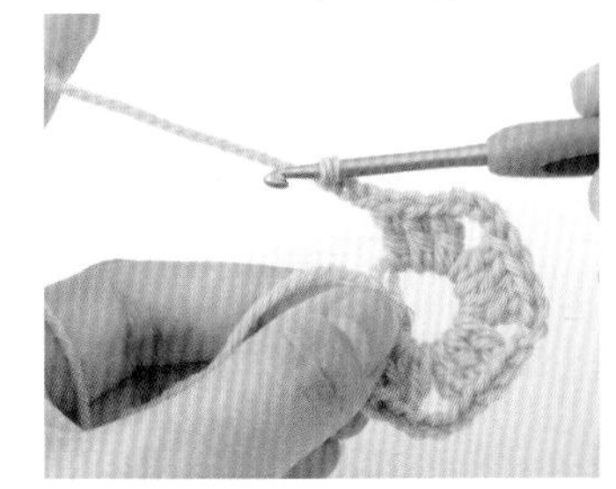

POINT

按照线缠绕于手指成环形的方法开始编织时，这个阶段必须拉收线环。

1. 移开钩针，稍稍拉收线头。线环2根线中的1根有所移动。

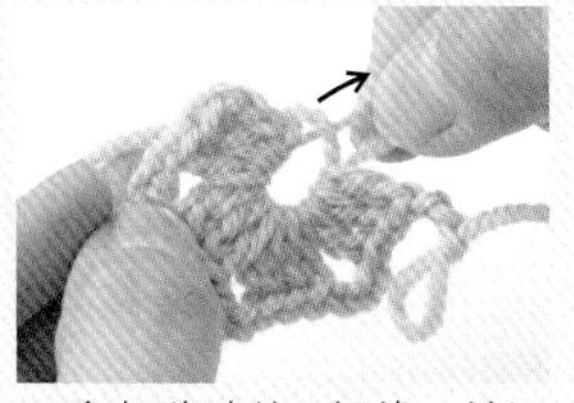

2. 拿起移动的1根线，并沿移动的方向将线环拉收束紧。

3. 再次拉收线头，将步骤2松弛的线拉收束紧。

4. 钩针回到针圈，继续钩编。

Step 3 行的钩编结束处和下一行的钩编开始处

从第1行的最后钩编至第2行、第3行。
此处的关键是钩编结束处的引拔针和下一行的立针。

第1行的钩编结束处

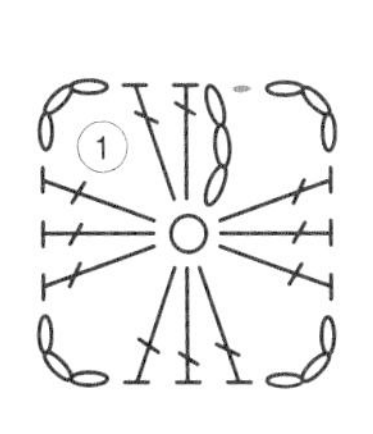

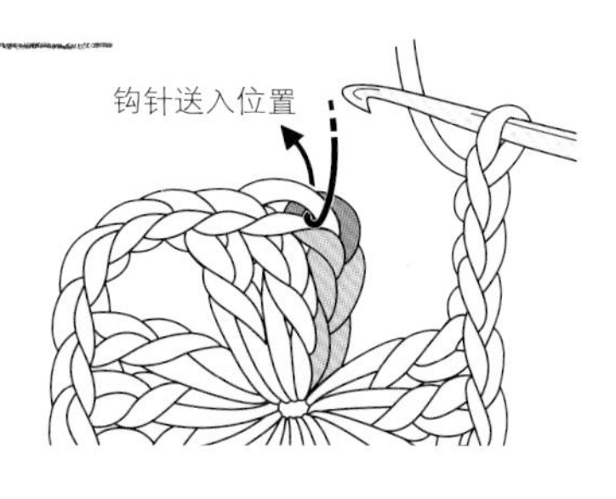

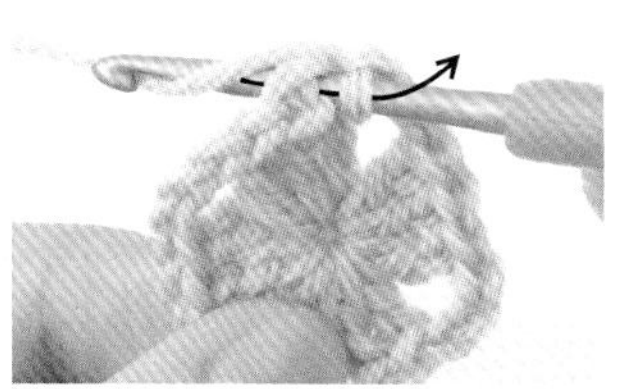

1. 将针送入第1行立针的第3针锁针的半针和里侧，绕线引拔。

2. 引拔针钩编完成，第1行也钩编完成。

第2行

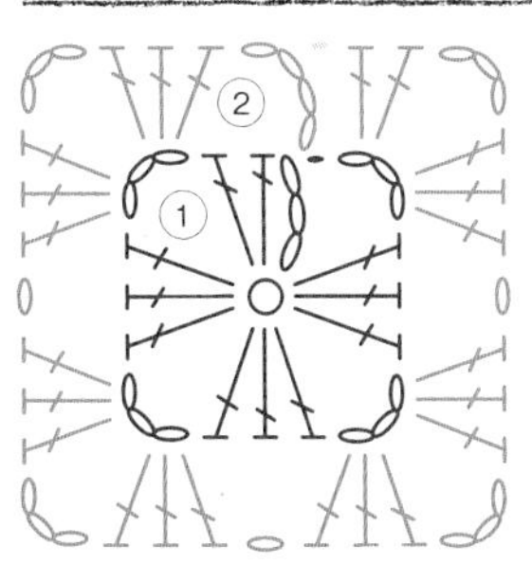

长针编入束内

立针锁3针

编入束内…参照第30页

1. 钩编立针的3针锁针和接下来的1针锁针。接着，在上一行的边角空间钩编3针长针、3针锁针、再3针长针，并编入束内。

2. 如记号图所示逆时针钩编，钩编至最后的2针长针。

第2行的钩编结束处

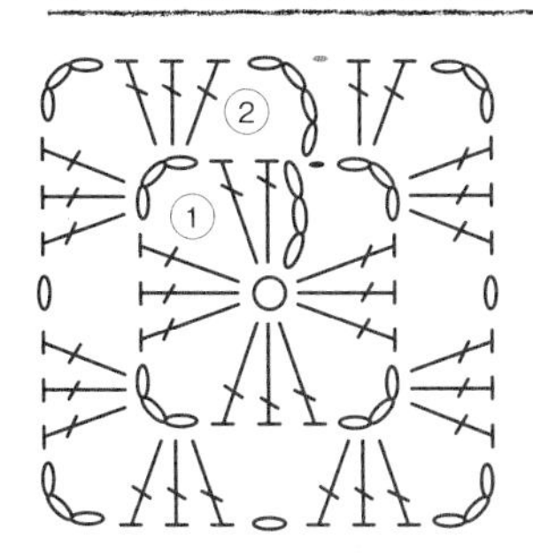

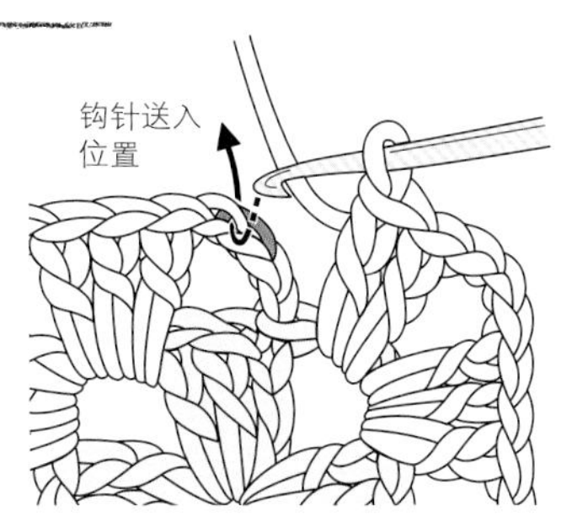

将针送入第1行立针的第3针锁针的半针和里侧，再用引拔针完成第2行。参照第编织图，同样方法钩编第3行及第4行。

立针的锁针的针数

立针就是开始钩编下一行时，用锁针钩编出所需的高度。立针位置原本的编针性质决定锁针的针数。例如 a 花样，立针位置应该是长针，长针 1 针相当于 3 针锁针的立针。短针以外的立针均计为 1 针。

编针记号同各编针对应相同高度的锁针针数

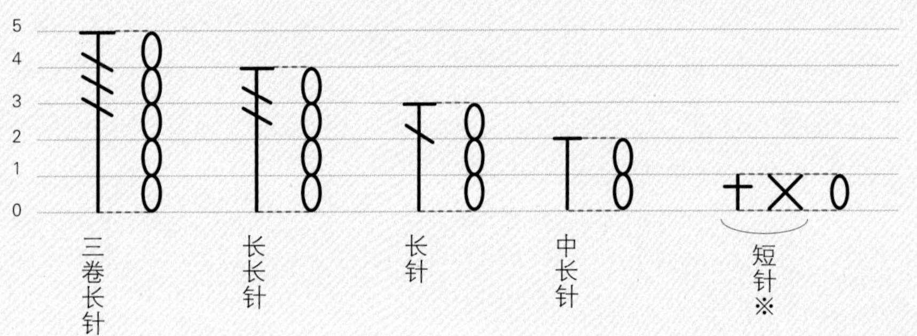

短针的立针为1针锁针。但同其他编针一样，锁针不能代替1针短针。注意：行的结束处并不是立针的锁针，而是引拔成短针。

---- 短针的编针记号在不同书中的标注方式有所差异。但是钩编方法一致。

不加立针钩编的情况

短针钩编的花样也可以不加立针。可以看到，织片从中心开始呈螺旋状。钩编时，行和行的交界处不容易辨别，需要加入行数环及线记号再钩编。

无立针的记号图

无立针

有立针

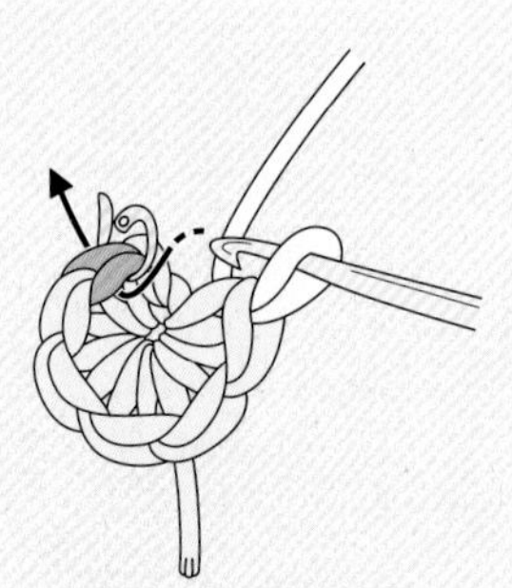

1. 第 1 行钩编完成，将行数环固定于钩编开始处的短针第 1 针，并在此针圈处钩编短针。

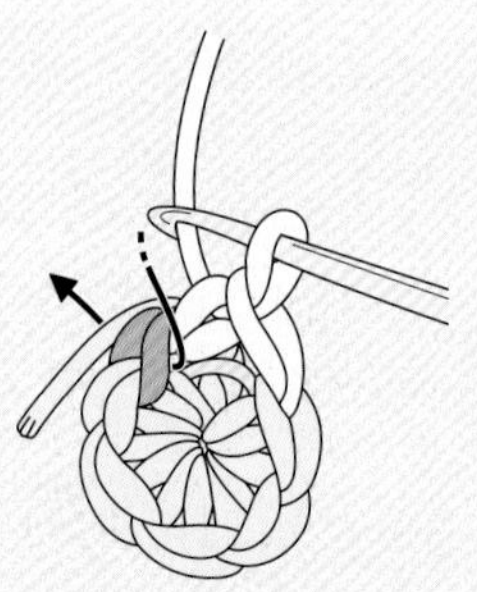

2. 如记号图所示，在同一针圈再钩编 1 针短针。

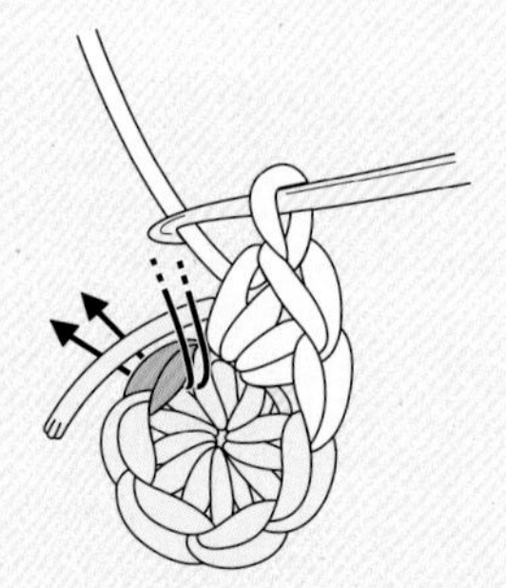

3. 之后，每一针都钩编 2 针短针。

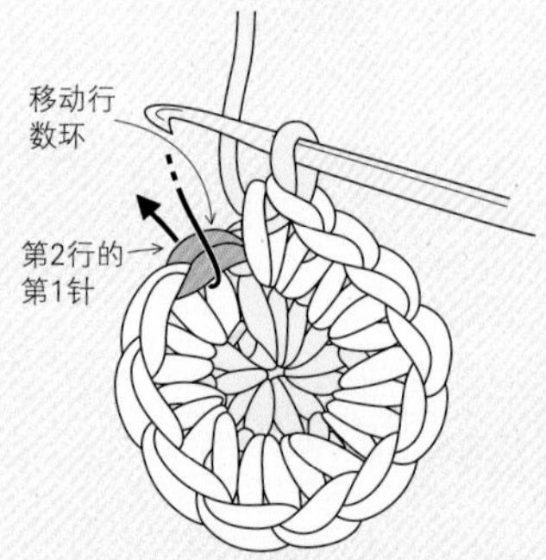

4. 第 2 行钩编完成后，将行数环移动至第 2 行最初的短针处，再钩编第 3 行。之后，将行数环移动至第 1 针，同时继续钩编。
※ 第 1 针完成后再移动行数环也可。

Step 4 钩编结束后的线头处理

钩编结束后，需要用毛线针处理线头。先将花样翻到背面，毛线针潜入织片，同时注意线头不能从正面露出。

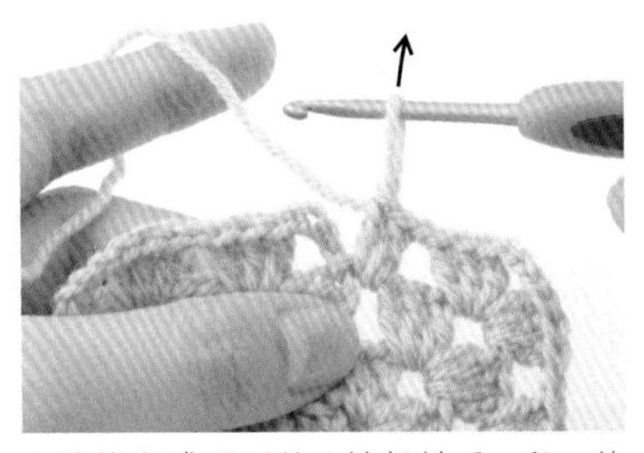

1. 钩编完成最后的2针长针后，留下约10cm线头，以此引出针圈。

2. 线头穿过毛线针，从背面将毛线针穿过立针的下一个针圈（此时为锁针）。

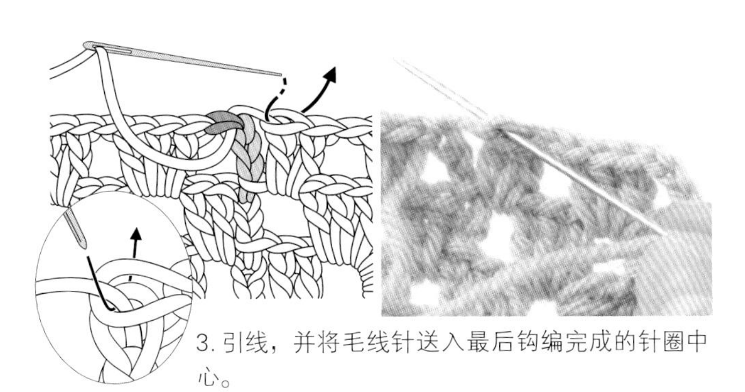

3. 引线，并将毛线针送入最后钩编完成的针圈中心。

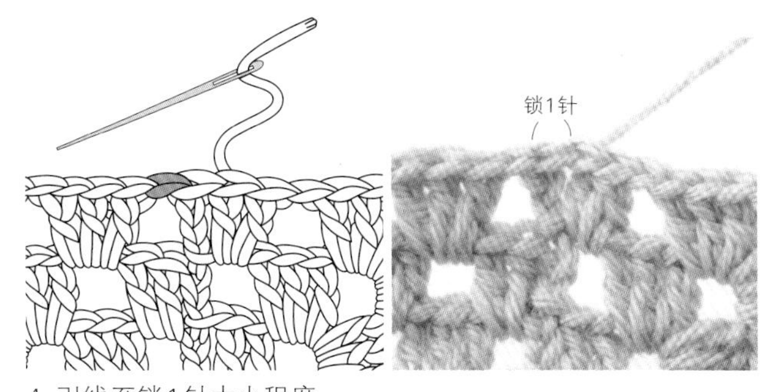

4. 引线至锁1针大小程度。

5. 花样翻到背面，毛线针朝向中心潜入织片，同时注意正面不能收缩太紧。

POINT

也可以用引拔针钩编结束

在立针的锁针处引拔（同15页），可代替教程1～4。但是，使用毛线针的外观效果更佳。引拔针的方法可用于钩编许多小花样时。另外，教程5～7的内容共通。

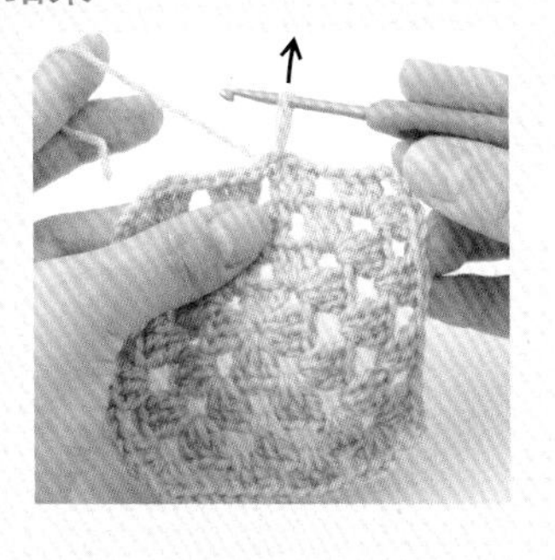

钩编开始的线头处理

6. 钩编开始的线头穿过毛线针，将毛线针潜入第1行的长针底部。

POINT

钩编开始的线头处理

对于编针填充而成的花样，钩编第2行时钩编包裹住钩编开始的线头也可。但是，如果像花样一样存在空余空间，则很难钩编包裹整齐，所以最好在钩编结束后进行线头处理。

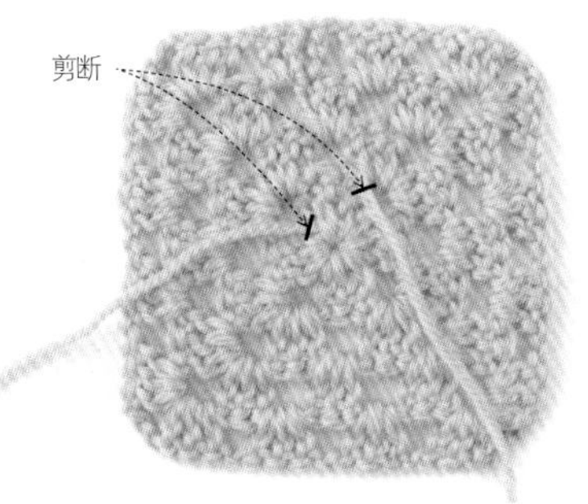

7. 花样的背面。钩编开始或钩编结束均贴着织片剪断线头。

b花样的钩编方法

Step 1 钩编开始处（起针）

按照“锁针成环形的方法”开始钩编。
此方法的中心空间的大小由锁针的针数确定。

起针的记号… （或者写入锁针的针数“8”）

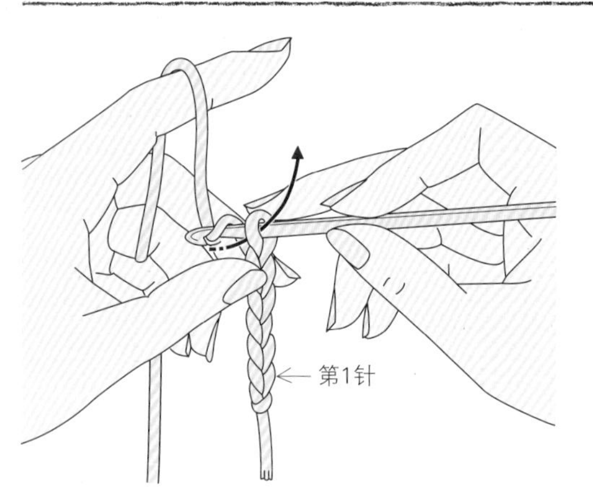

1. 参照第11页的锁针起针，钩编出所需的针数。这个花样需要8针锁针。

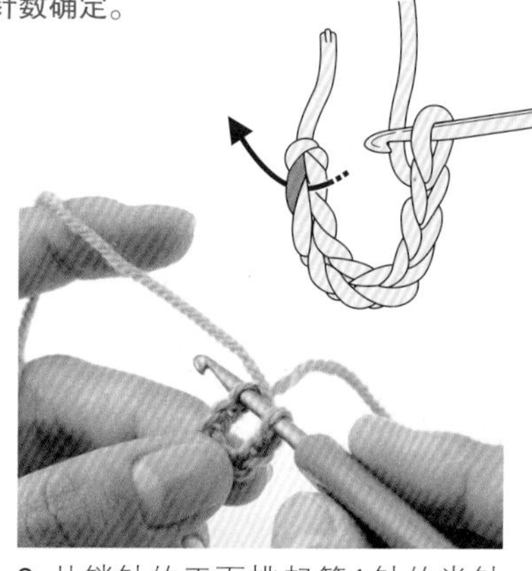

2. 从锁针的正面挑起第1针的半针和里侧。

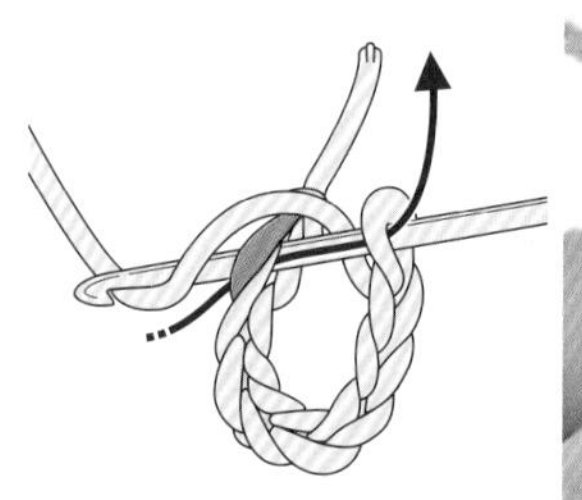

3. 绕线引拔，起针完成。

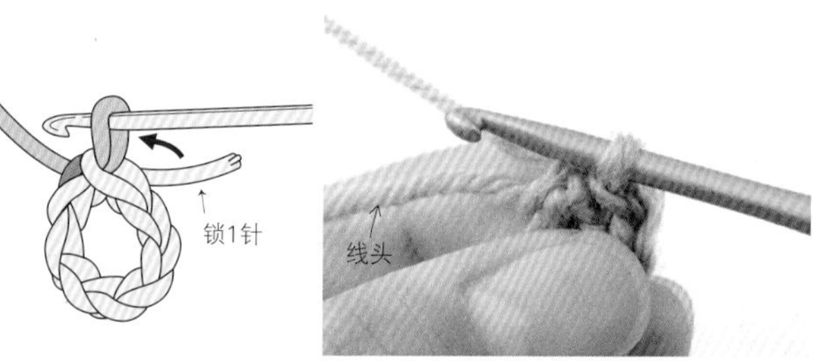

4. 线头送入左侧。

Step 2 边看记号图边钩编

按照立针的1针锁针及1针短针的顺序开始钩编。
钩编包裹住线头，逆时针转动钩编。

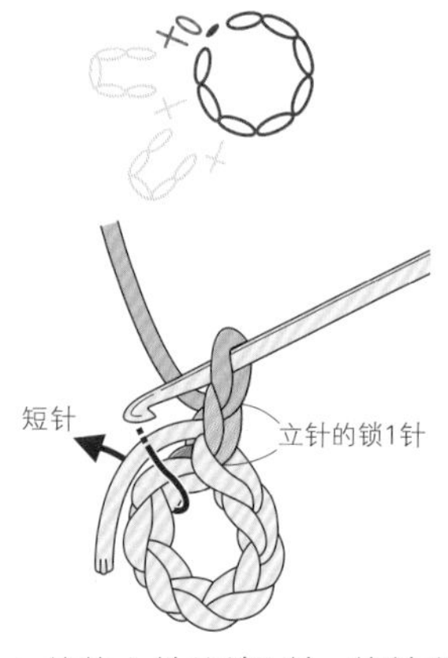

1. 钩编立针的锁1针，钩针送入线环中，短针钩编包裹住线头。

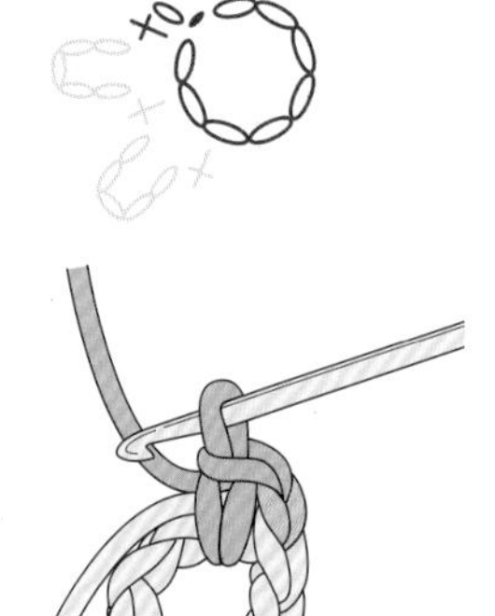

2. 短针钩编完成。

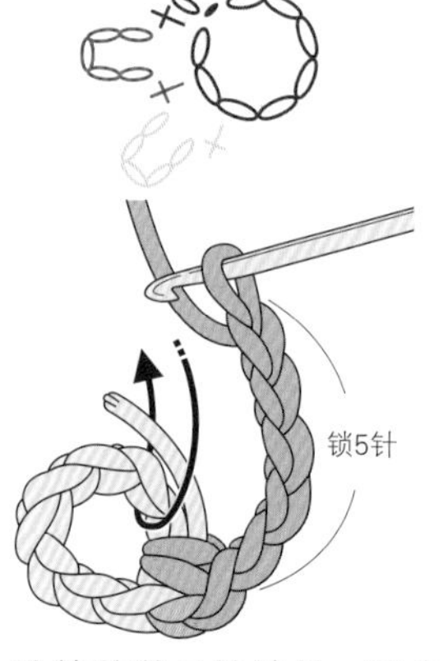

3. 继续钩编5针锁针，同步骤1一样将钩针送入线环中，并钩编短针。

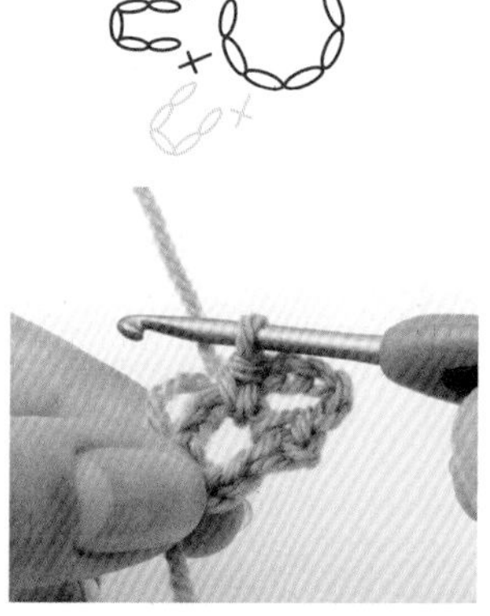

4. 钩编完成花纹的1瓣。参照第记号图，继续钩编剩下的6瓣。

Step 3 行的钩编结束处及下一行的钩编开始处

用锁针及短针制作成瓣的钩编方法（网针）中，在瓣的中央立针包裹住钩编完成行。

第1行的钩编结束处

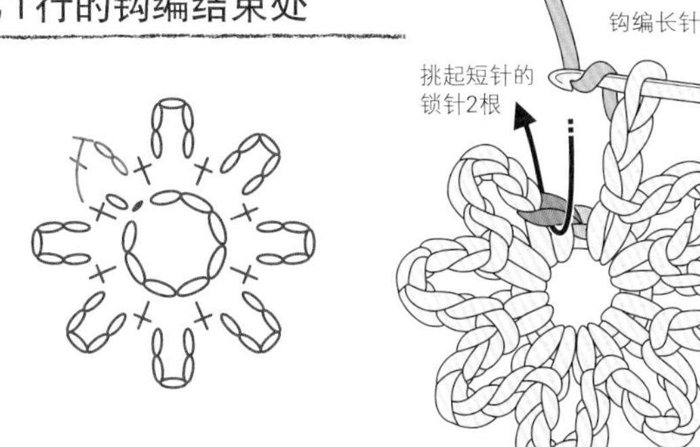

1. 钩编最后的瓣时，钩编2针锁针，钩针送入第1行钩编开始的短针头2根，并钩编长针。

2. 长针钩编完成。至此，第1行钩编结束。

第2行的钩编结束处

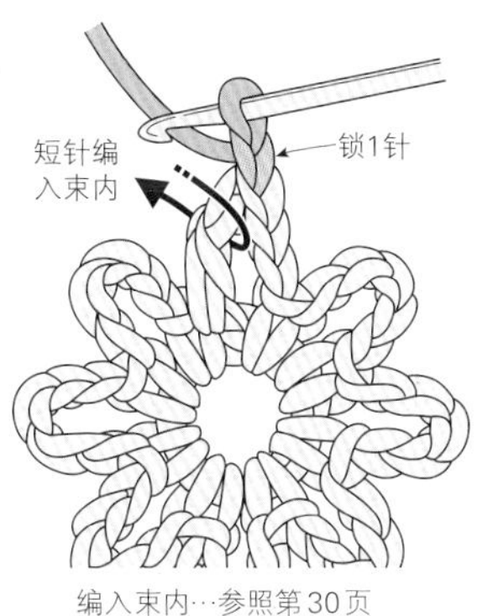

编入束内…参照第30页

1. 钩编立针的1针锁针，并将钩针送入之前钩编长针留下的空间，短针编入束内。

2. 钩编5针锁针后，接着钩编1针短针，并重复此操作。图中为1瓣钩编完成状态。

第2行的钩编结束处和第3行的钩编开始处

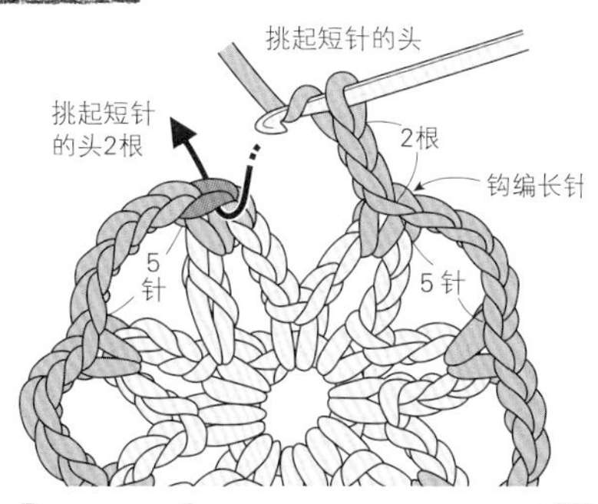

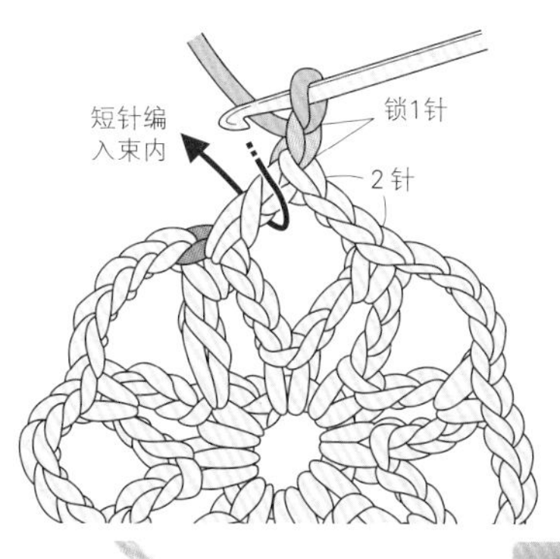

1. 第2行最后的瓣同第1行一样，钩编2针锁针，钩针送入第2行钩编开始的短针头2根，并钩编长针。

2. 第3行的钩编开始同第2行一样，钩编1针锁针及短针。第3行重复7针锁针及1针短针，连续钩编。

第3行的钩编结束处

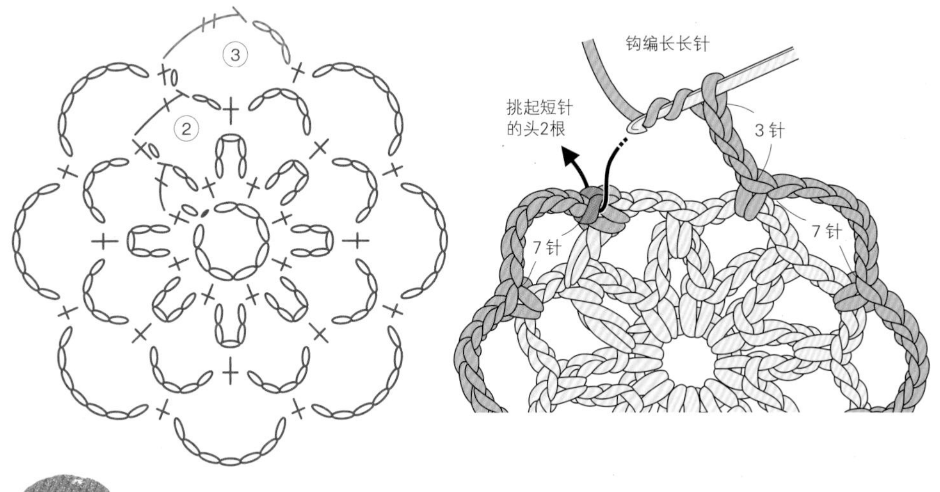

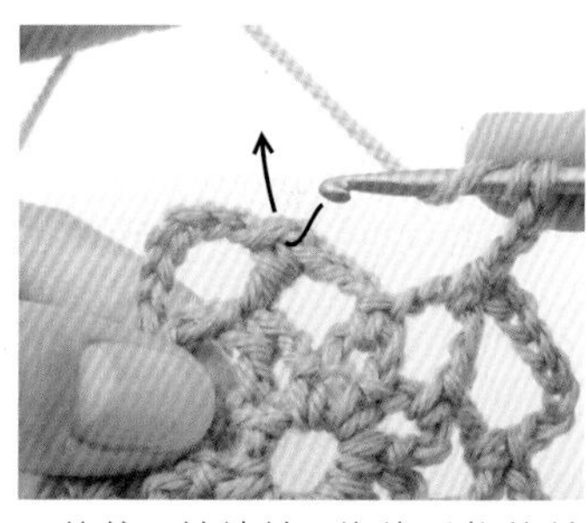

3. 钩编3针锁针，绕线后将钩针送入第3行钩编开始的短针头2根，并钩编长长针。

网针的立针位于瓣的中央

各行的钩编结束处均为锁针、长针及长长针的组合。为了使立针位于锁针的瓣状的中央，各行的组合搭配由制作瓣状的锁针的针数确定。例如以下组合：第1行以锁5针为基础，就是锁2针＋长针（同锁3针的高度相同）；第3行以锁7针为基础，就是锁3针＋长长针（同锁4针的高度相同）。

4. 钩编长长针，同锁7针一样出现瓣状。并同第2行及第3行一样，钩编立针的锁针及短针，钩编完成第4行。

最后一瓣全部用锁针编织

如果记号图中最后一瓣全部用锁针编织，一边引拔至上一行的锁针，一边将针圈移动至下一瓣的中央，并编织立针。而且，记号图中也有引拔针的记号。

记号图

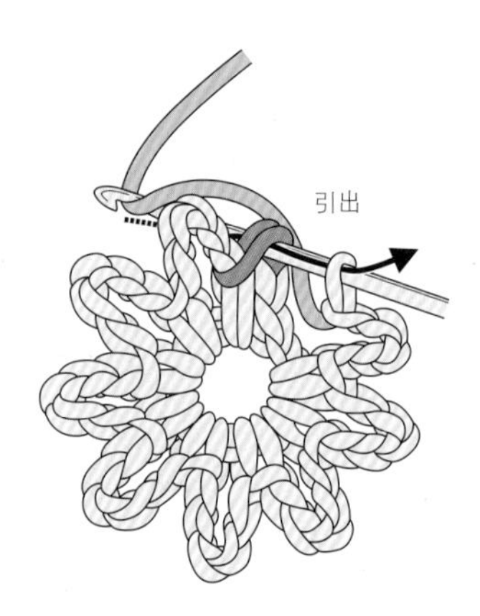

1. 最后1瓣的锁针钩编完成5针后，在钩编开始的短针头2根处引拔。

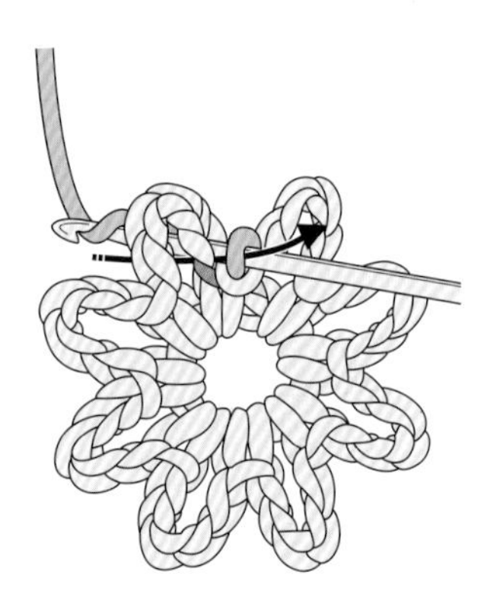

2. 钩针送入接下来的锁针的中央，钩编引拔针。再接下来的针圈也同样钩编引拔针。

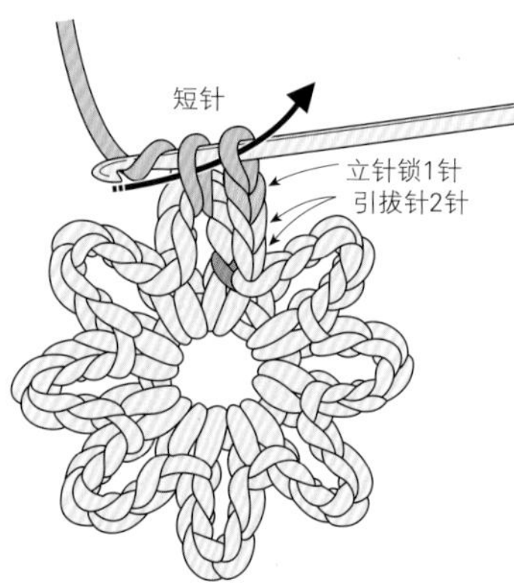

3. 钩编立针的锁1针，钩针送入上一行的锁针空间内，钩编短针。

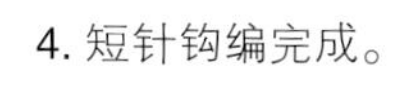

4. 短针钩编完成。

Step 4 钩编结束后的线头处理

网针的花样钩编结束处的关键是：钩编比记号图少1针的锁针，再将钩针送入短针的头部。
只有最终行是网针设计的花样也同样处理。

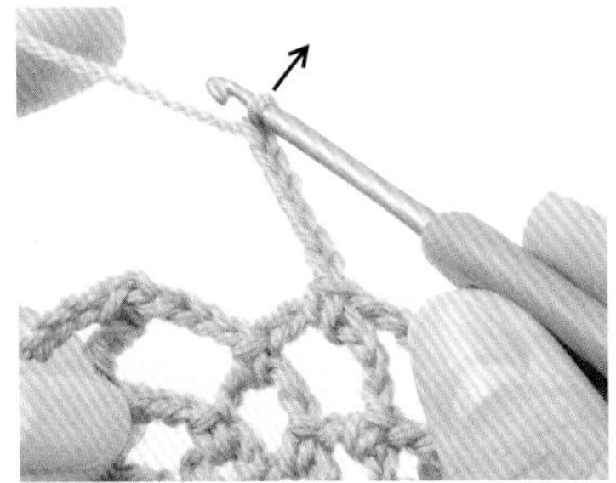

1. 钩编6针锁针，线头留下约10cm，引线圈松开钩针。

2. 线头穿过毛线针，毛线针送入第4行钩编开始的短针的头2根。

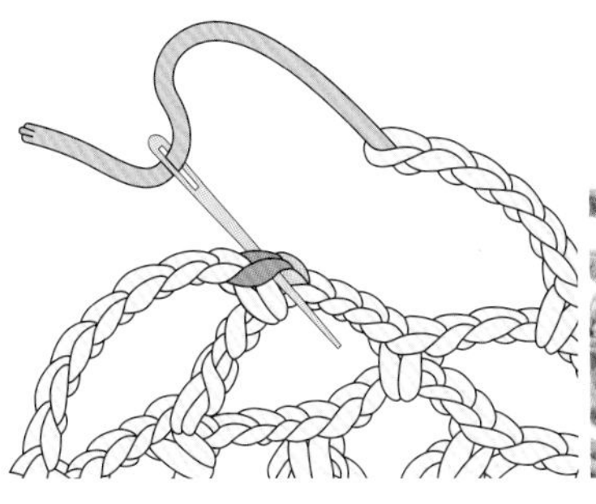

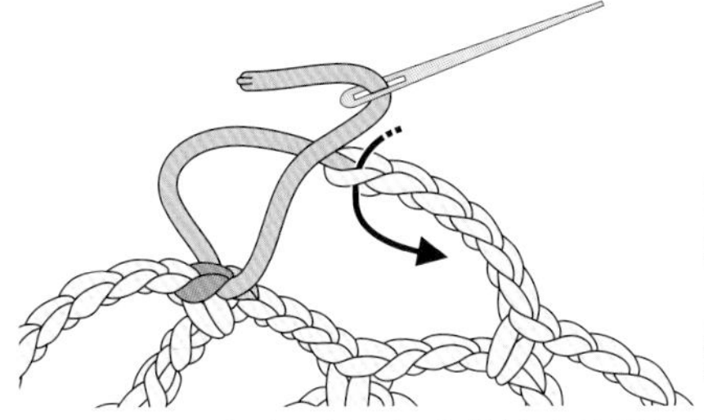

3. 引线，钩针送入第4行钩编结束的锁针的中心。

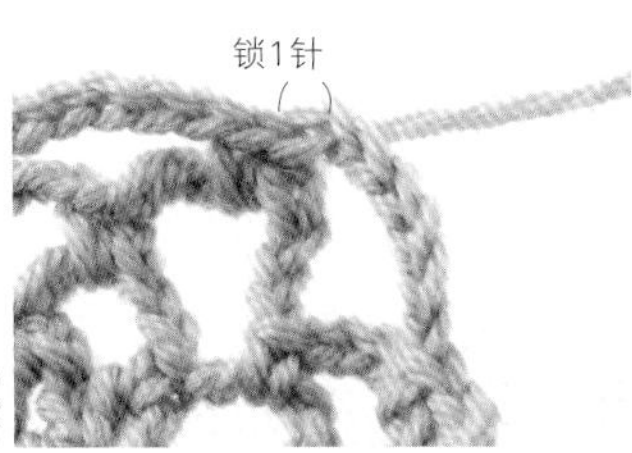

4. 引线至锁1针大小的程度。

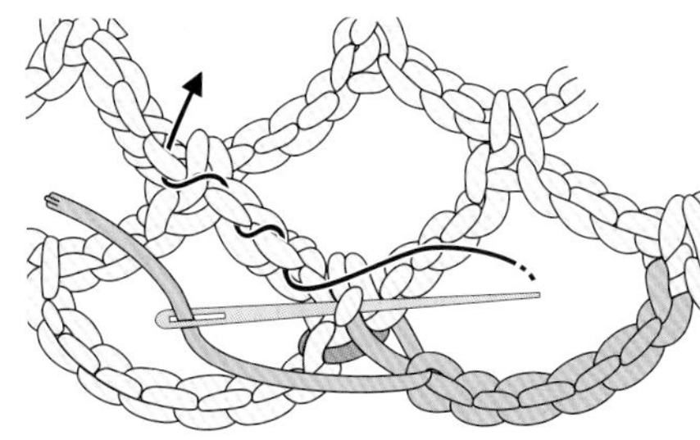

5. 花样翻到背面，朝向中心，将剩余的线潜入上一行的钩编结束的长长针处。

6. 最后，穿线2～3次于短针的底部，并剪掉多余线头。

线无法顺利穿过毛线针时怎么办?

粗线穿过小针眼的方法！即使不用穿线器也可轻松穿线，务必尝试哦！

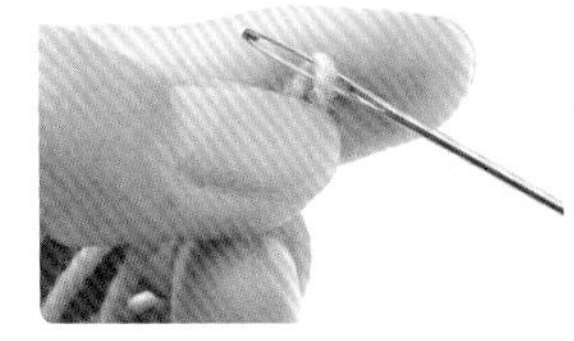

1. 将线对折夹住针眼，撑紧线。

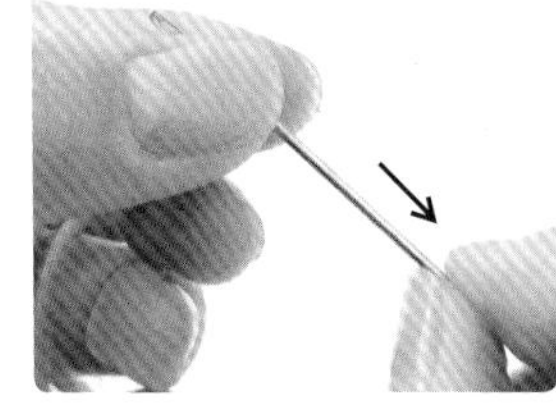

2. 用大拇指和食指按住针眼部分，另一端用力拔针。

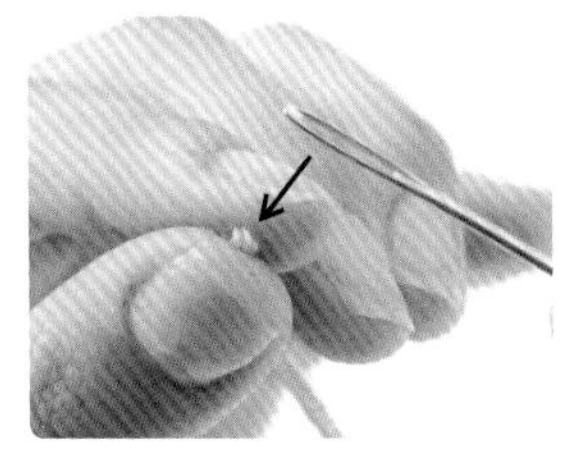

3. 稍稍分开大拇指和食指，并将露出的线穿入针眼。

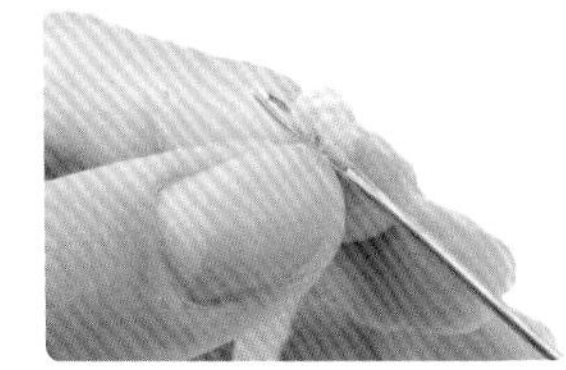

4. 线顺利穿过针眼。再引拔出另一侧线。

从织片背面钩编的花样

大部分花样都是看向织片正面沿同一方向进行钩编。
但是，根据设计的不同也有看向织片背面进行钩编（往返钩编）的情况。
是否属于往返钩编，看记号图便清楚。

记号图

剪断

各行的钩编开始处（立针）
第3行需要注意立针的1针锁针和接下来的短针的引上针的排列顺序

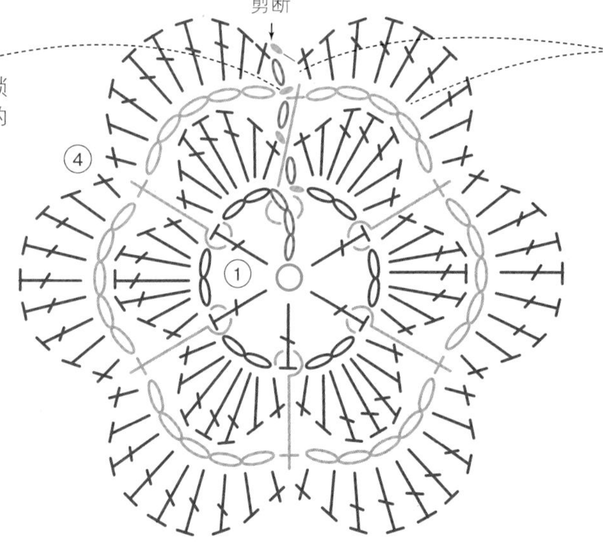

翻到织片背面钩编的行
短针的引上针和锁针从背面开始钩编

此花样所使用的编针

- ⬬…引拔针
- ○…锁针
- ＋…短针
- T…中长针
- 长针符号…长针
- 短针的背引上针符号…短针的背引上针

※ 编针记号的详细说明（钩编方法）刊载于第89、90、94页

往返钩编花样的钩编方法

Step 1 从钩编开始处钩编至第2行

按照钩编图开始钩编。可参照第a花样的钩编方法（见第14、15页）。

起针至第1行

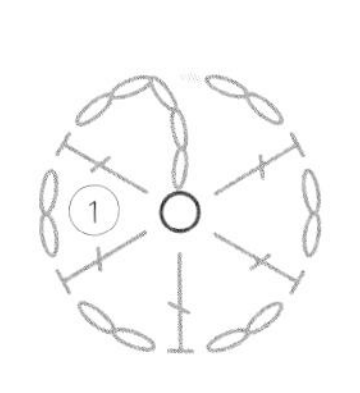

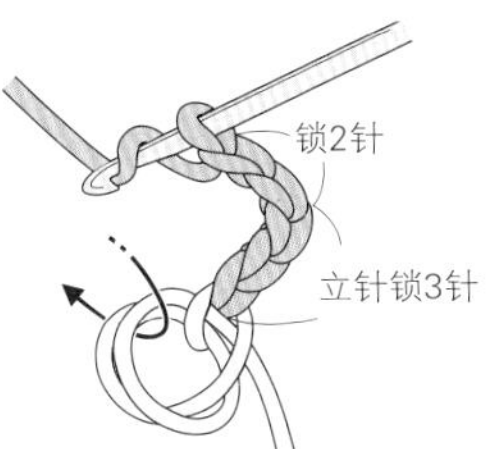

1. 按照"线缠绕于手指成环形的方法"开始钩编，钩编立针的3针锁针、接着的锁2针。之后，将长针编入线环中。

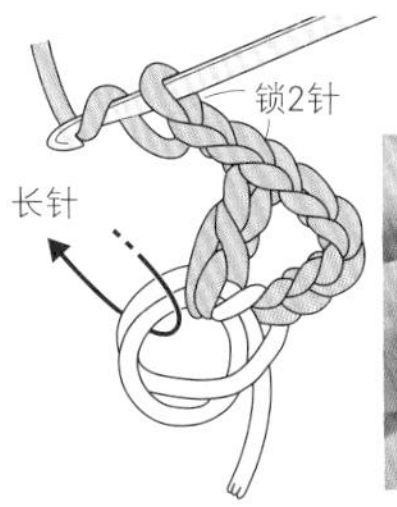

2. 如记号图所示，钩编2针锁针和长针。图片为最后的锁2针钩编完成状态。在此，拉收钩编开始的线环（参照第15页）。

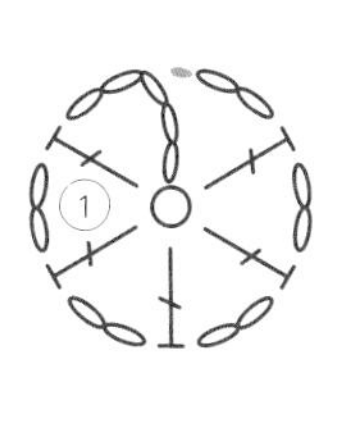

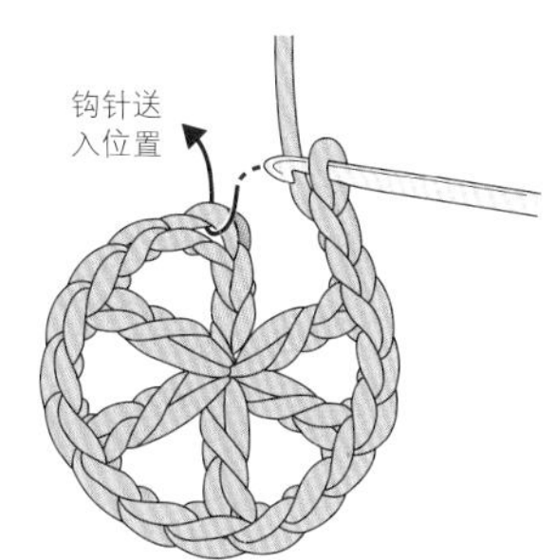

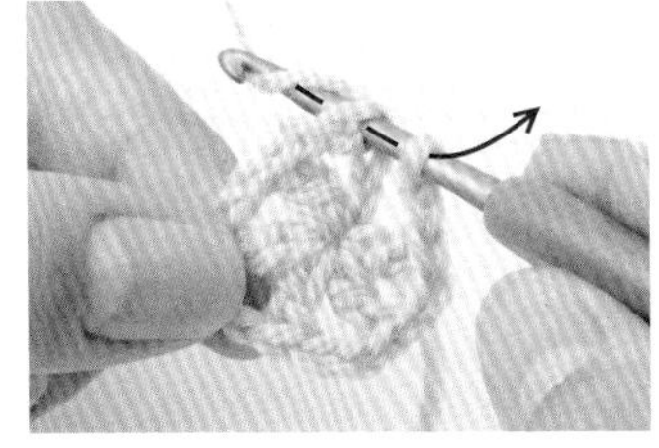

3. 将针送入第1行立针的第3针锁针的半针和里侧，绕线引拔。

4. 引拔完成，第1行钩编完成。

第2行

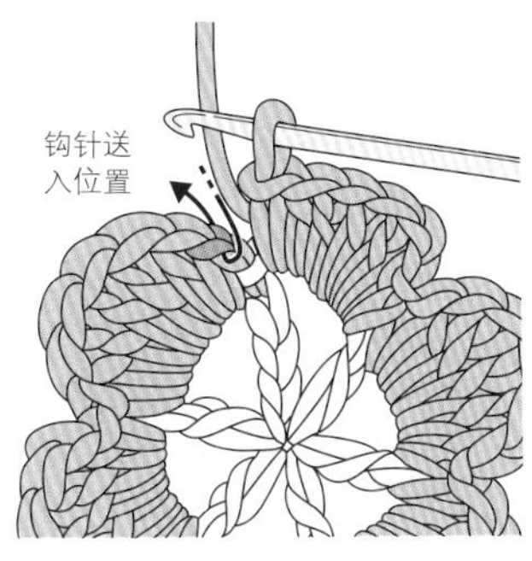

编入束内…参照第30页

1. 钩编立针的锁针，如插图所示将钩针送入上一行的锁针完成后形成的空间，短针编入束内。

2. 相同空间内，钩编1针中长针、3针长针、1针中长针、1针短针。剩余的空间也同样方式钩编。

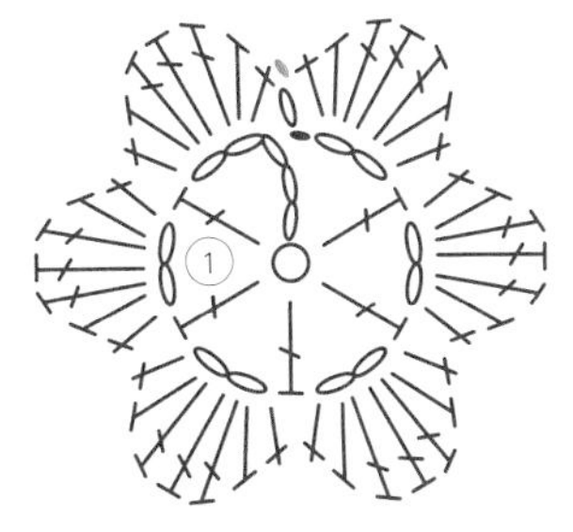

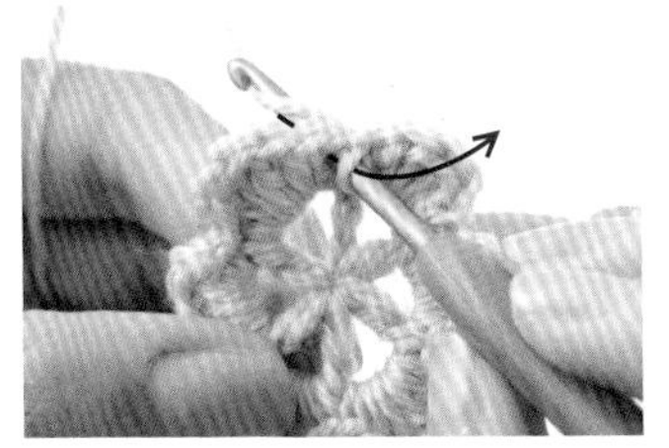

3. 至最后的短针钩编完成后，钩针送入第2行钩编开始的短针的头2根，并绕线引拔。

4. 引拔针钩编完成。

Step 2 织片翻到背面钩编第3行

同之前相反，沿记号图的顺时针方向参照第钩编。
“短针的背引上针”实际操作则是钩编成“短针的正引上针”。

第2行

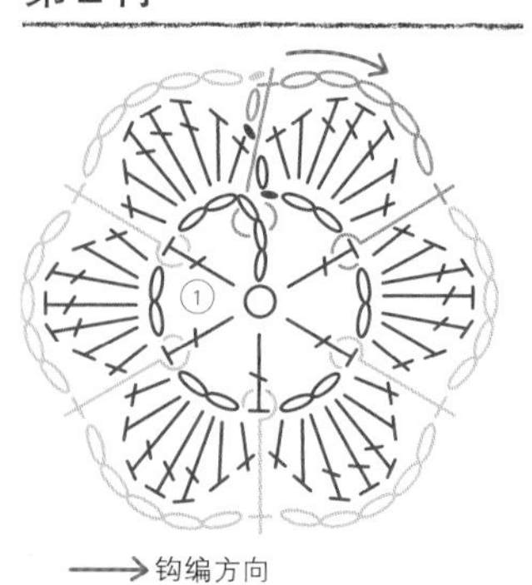

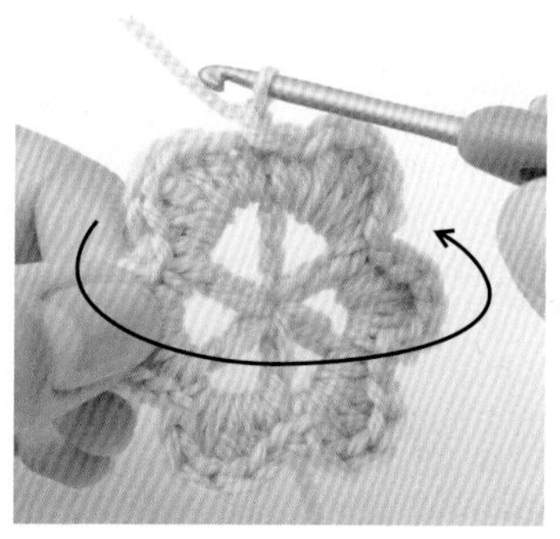

1. 钩编立针的1针锁针后，将织片向右转动至背面。

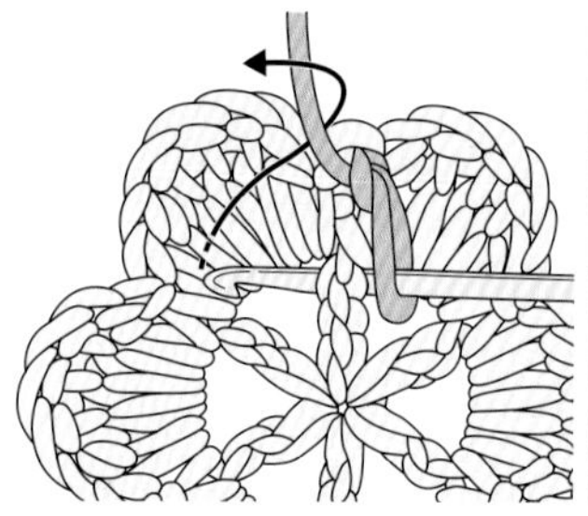

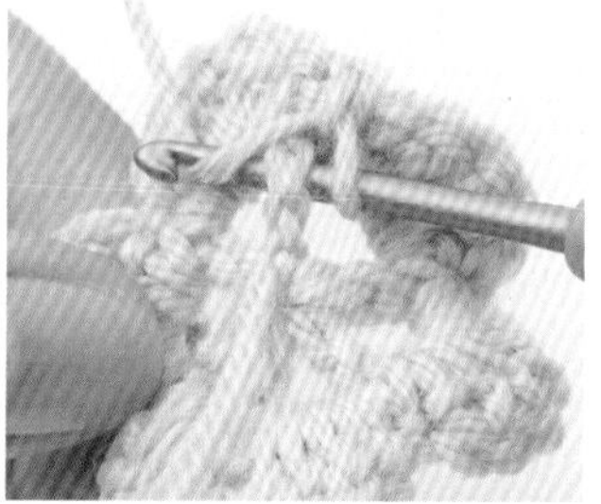

2. 钩编短针的正引上针。再用钩针挑起第1行立针的锁3针，并绕线。

3. 依次引出线。

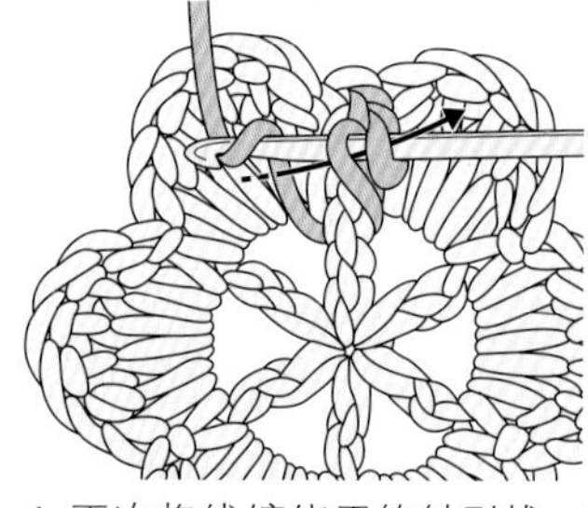

4. 再次将线缠绕于钩针引拔，短针的正引上针操作完成。图片为钩编完成的状态。

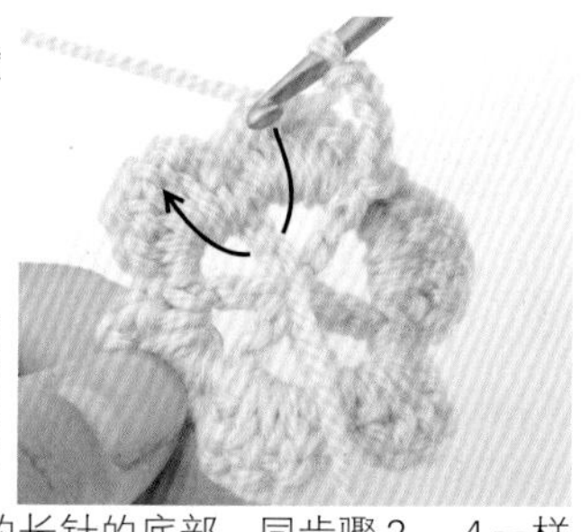

5. 钩编5针锁针，挑起接着的长针的底部，同步骤2～4一样钩编。重复锁针和引上针，钩编完成第3行。

POINT

按照立针的编针记号的排列顺序就清楚钩编方向

通过1针锁针钩编立针及短针时，记号图中锁针的左侧排列着短针，是沿逆时针看的状态。但是此记号图中，仅有第3行立针的锁针的右侧有短针（这里为引上针）的记号。这就是“织片翻到背面，沿记号图顺时针方向钩编”的意思。

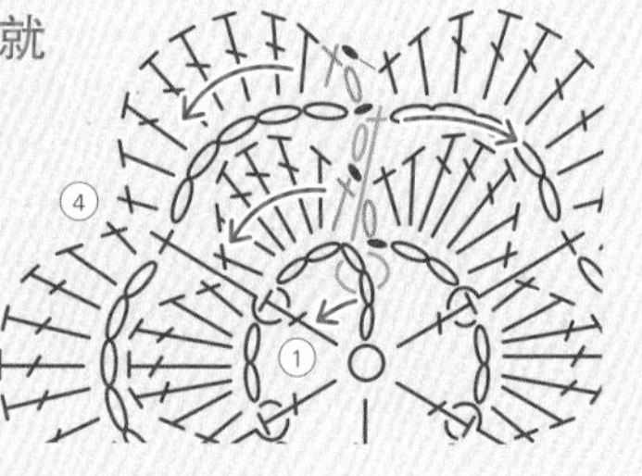

POINT

记号图注明“看向正面编针”

编针的记号图总是注明“看向正面编针的状态”。根据正反的钩编方法不同，引上针的记号也有所差异。虽然该花样的操作也是正面的引上针，但从正面看到的编针的状态为背面，符号则用背面的引上针表示。

第3行的钩编结束处

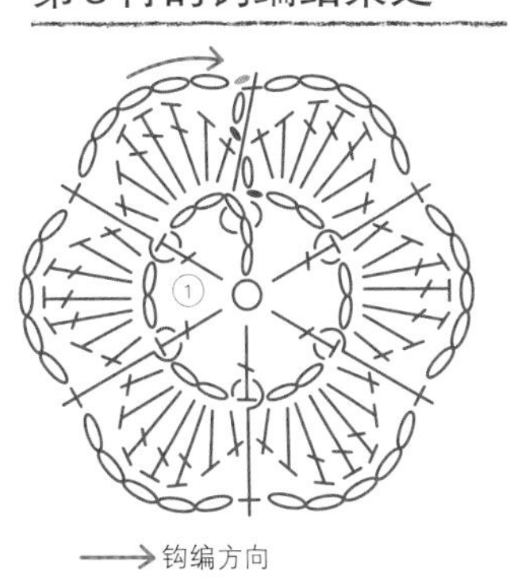

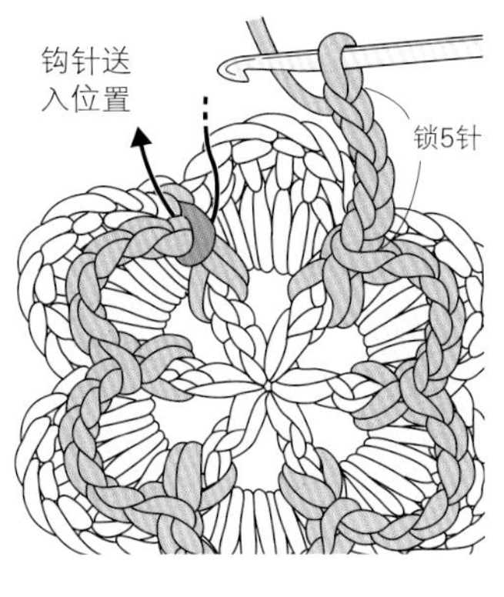

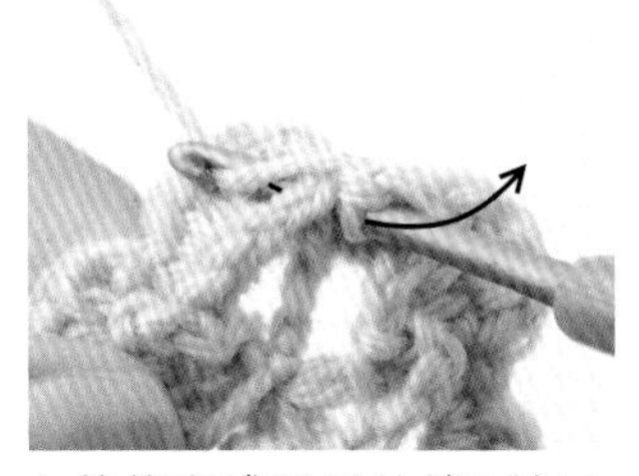

1. 钩编完成最后的锁5针后，针送入第3行钩编开始处短针引上针的头3根，并引拔。

2. 引拔完成，第3行钩编完成。

Step 3 织片翻到正面钩编第4行

第4行再次翻转织片，最后行看向正面钩编。

第4行

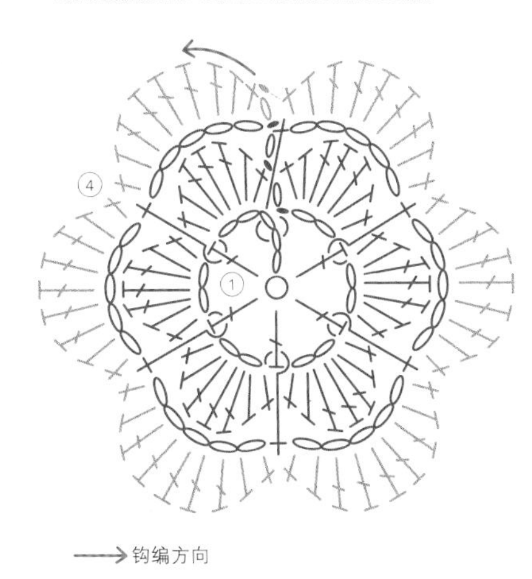

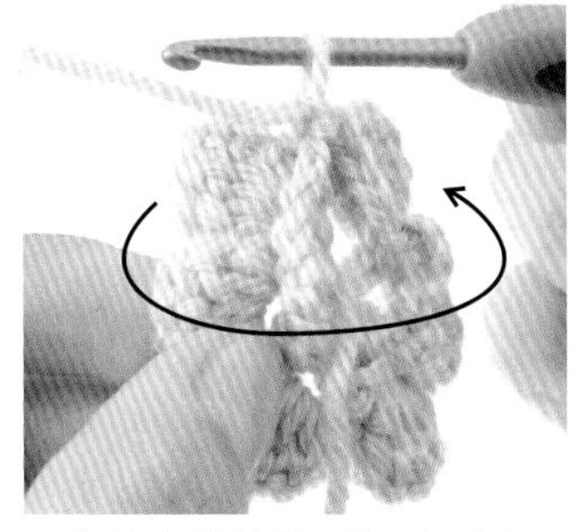

1. 钩编立针的锁1针，织片翻到正面。

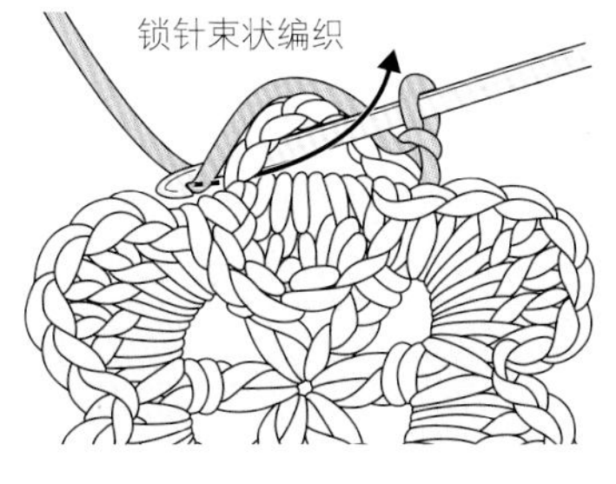

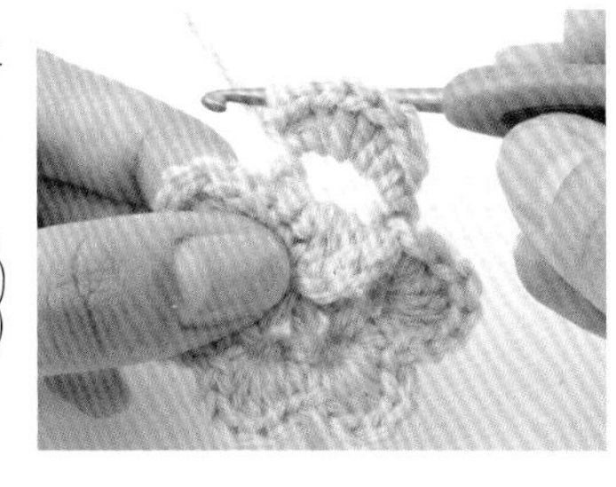

2. 第2行压向身前，钩针送入第3行锁针构成的空间，在束内编入1针短针、5针长针、1针中长针、5针长针、1针中长针。其余的5瓣也同样钩编。

翻转织片时“立针钩编后沿顺时针转动”

中途翻转织片时，立针钩编后沿顺时针转动至背面。保持钩编顺序及翻转方向的统一能实现更加整齐的钩编效果。

钩编结束后的线头处理

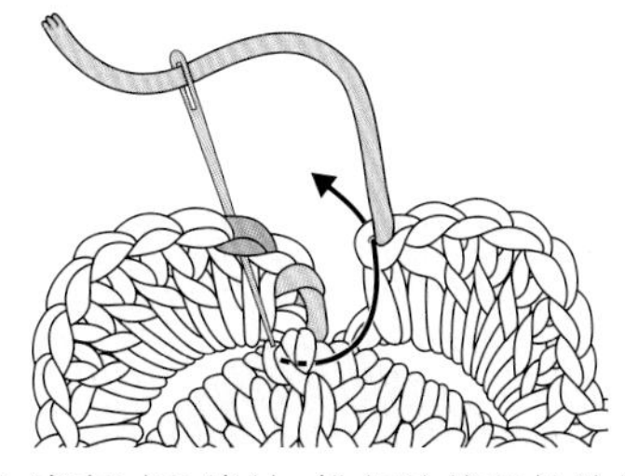

1. 线穿过毛线针，挑起钩编开始处第2针的中长针的头2根，钩针送入最后的短针的针圈中心，将线拉收至1针锁针大小。参照a花样的线头处理（参照第17页）。

2. 从背面将剩余的线潜入织片，并注意线头不能露出正面。

变形花样图案的处理方法

花样拼接的作品中，根据设计的需要会将圆形的花样制作成半圆形，或者四边形花样沿对角线裁切成三角形。

以a花样（第12页）衍生的三角形花样为例，参照第其钩编方法。

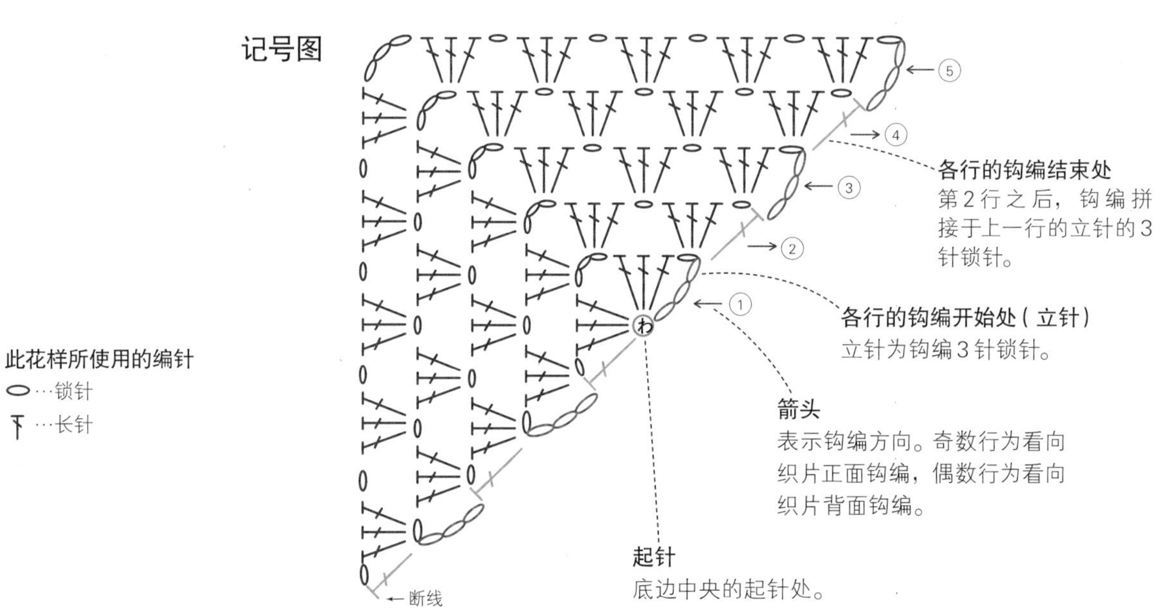

※ 编针记号的详细解说（钩编方法）刊载于第89、90页

变形花样的钩编方法

织片翻到背面，往返钩编。不是朝向一个方向钩编的花样，钩编结束处不需要引拔针。

第1行

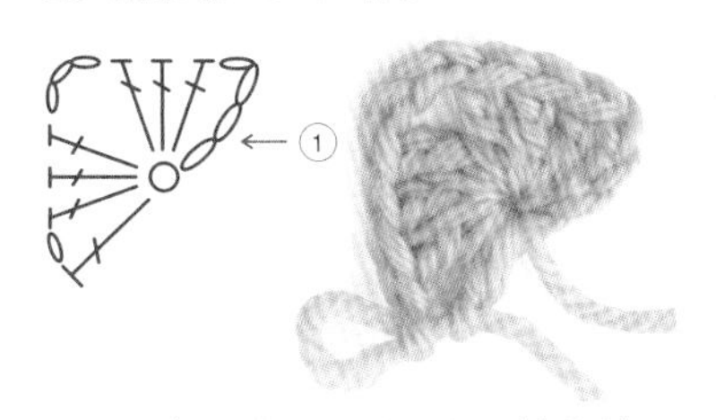

起针（参照第14页），从立针的锁3针参照第记号图钩编。拉收线圈，钩编完成第1行。

第2行

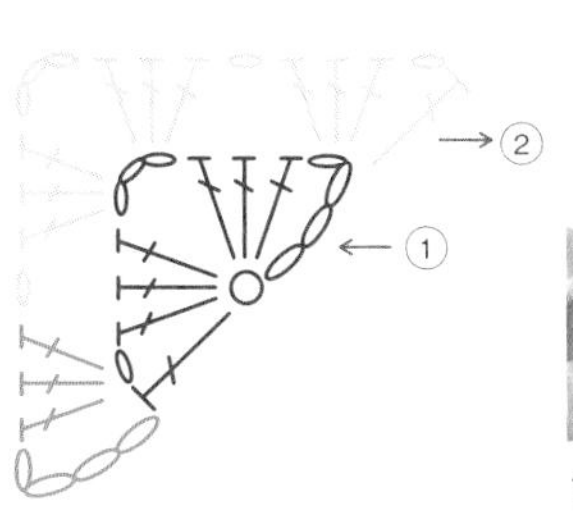

1. 钩编立针的锁3针，织片向右侧转动至背面。

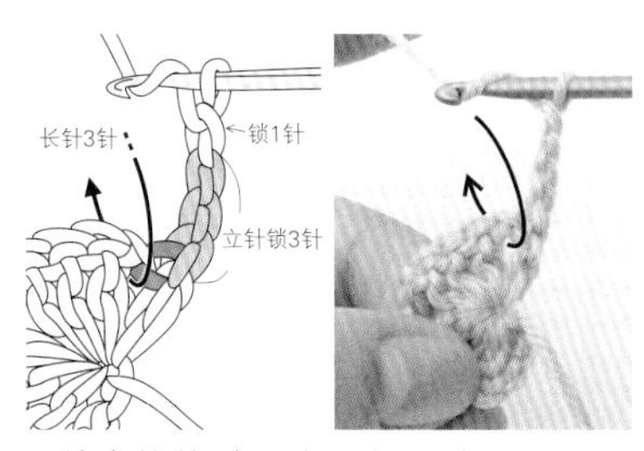

2. 首先钩编锁1针，钩针送入上一行的锁针构成的空间内，并钩编3针长针。按照记号图钩编完成第2行。

第2行的钩编结束处和第3行

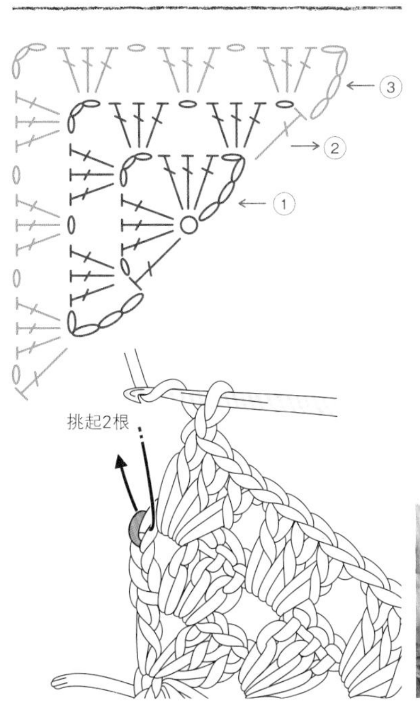

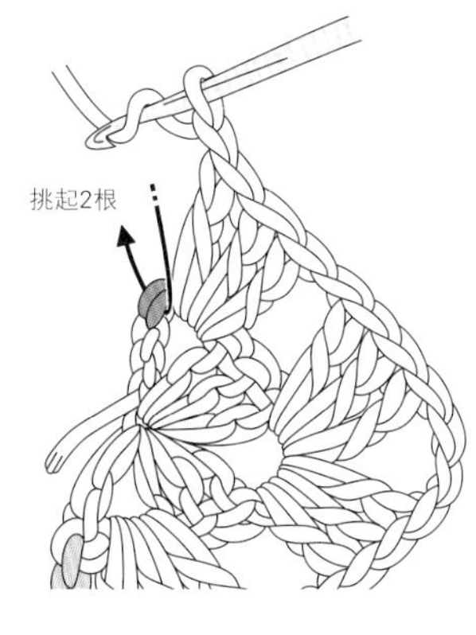

1. 第2行的最后如左侧插图所示，将针送入上一行立针的第3针锁针的半针和里侧，钩编长针。图中为针送入后绕线完成状态。

2. 长针钩编完成后，钩编立针的锁3针，并将织片翻到背面，同第2行一样钩编第3行。

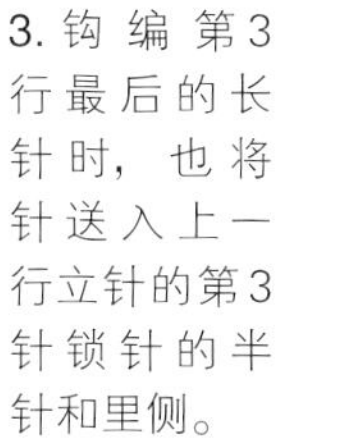

3. 钩编第3行最后的长针时，也将针送入上一行立针的第3针锁针的半针和里侧。

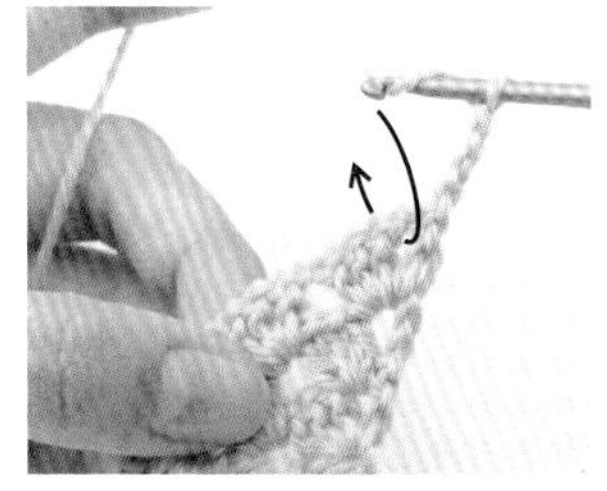

4. 长针钩编完成后，钩编立针的锁针，并将织片翻到背面。第4行及第5行也按相同方式钩编。

钩编结束处的线头处理

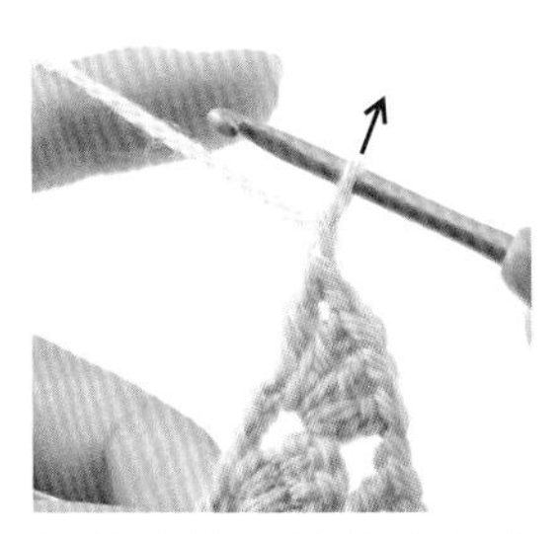

1. 最后的长针钩编完成后，钩编1针锁针后引拔。

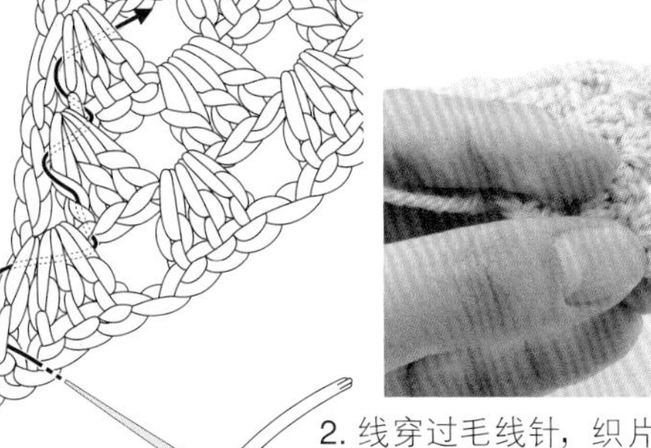

2. 线穿过毛线针，织片翻到背面，针潜入编针。钩编开始处的线也潜入编针，并剪断线头。

怎么办
?

无法钩编出漂亮的效果怎么办?

有些人钩编时，可能出现织片底部拉收过紧的现象。这时，可通过以下方法调节：钩编时稍稍松开立针的锁针，或者行的最后的长针引出稍稍留长些。

掌握多色钩编的间色针法

花样钩编的乐趣之一就是体验不同色彩的搭配。
本篇将介绍适合任何花样的间色针法。

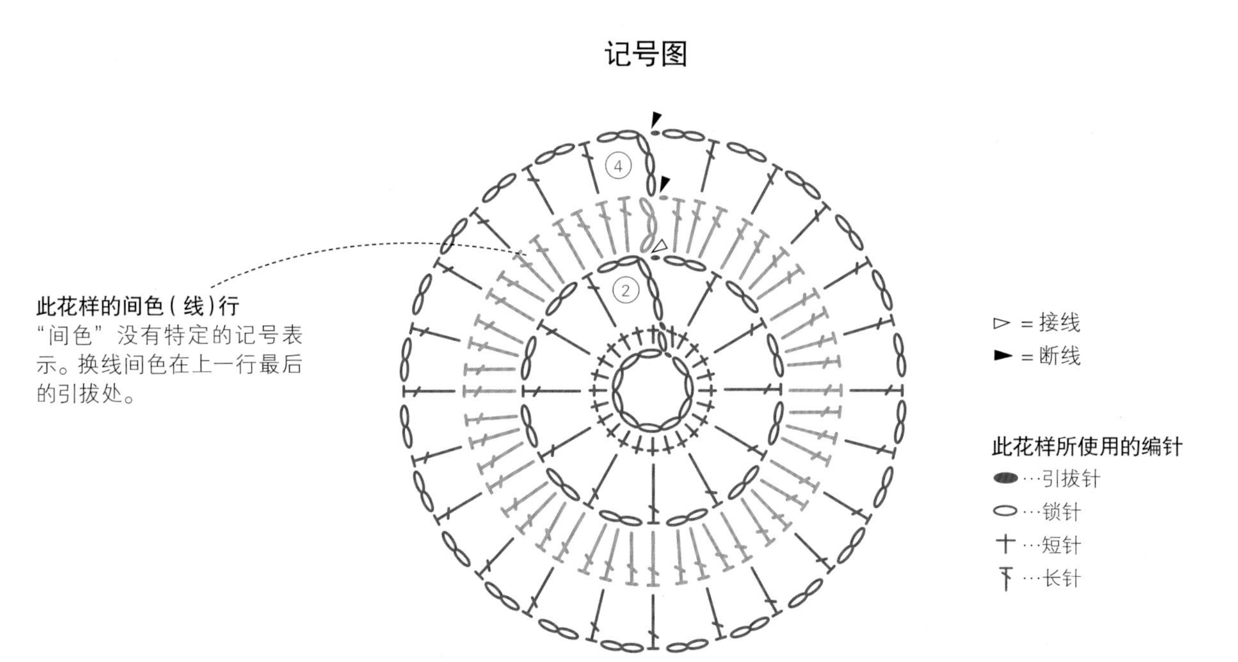

※ 编针记号的详细解说(编织方法)刊载于89、90页

间色花样的钩编方法

Step 1　换线前的钩编

利用第12页的 a 花样及 b 花样的钩编方法，
同时参照第记号图开始钩编。

第1行

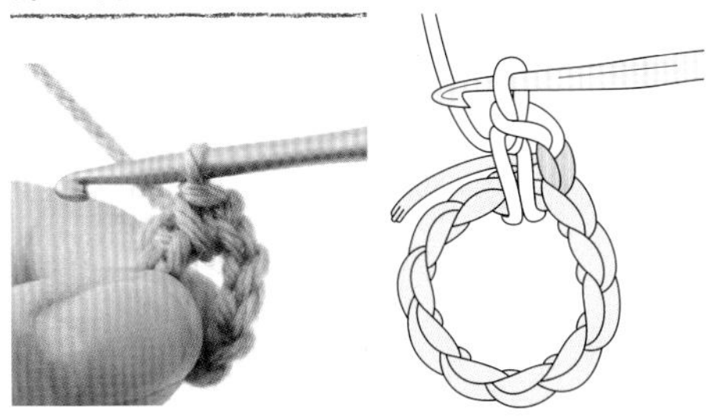

1. 按照“锁针成换线的方法”开始钩编，钩编立针的锁1针和短针。钩编包裹住线头，同时继续钩编短针。

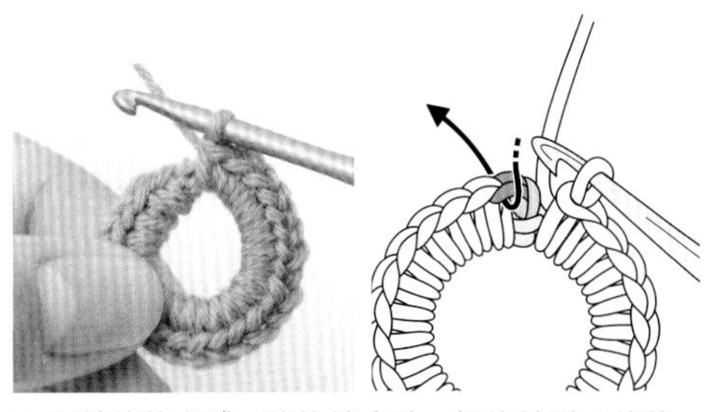

2. 短针钩编完成。钩编结束处，将钩针送入钩编开始处短针的头2根，绕线引拔。

3. 引拔完成状态，第1行钩编完成。

第2行

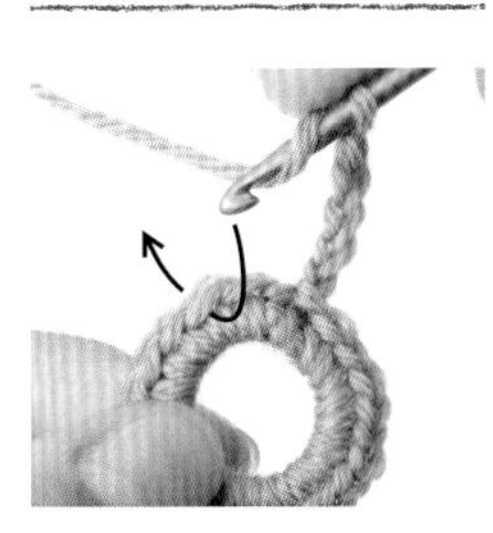

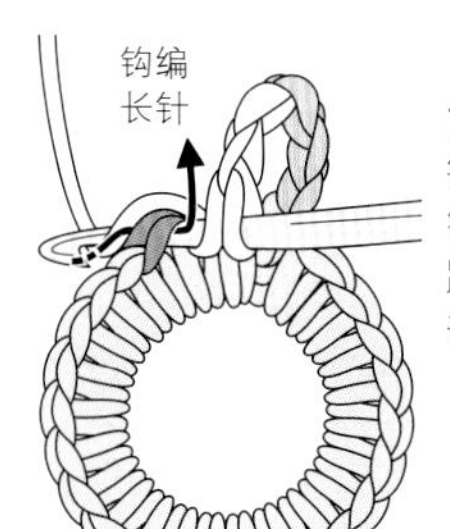

1. 钩编立针的锁3针和接下来的2针锁针，绕线于针，跳1针的短针的头部钩编长针。

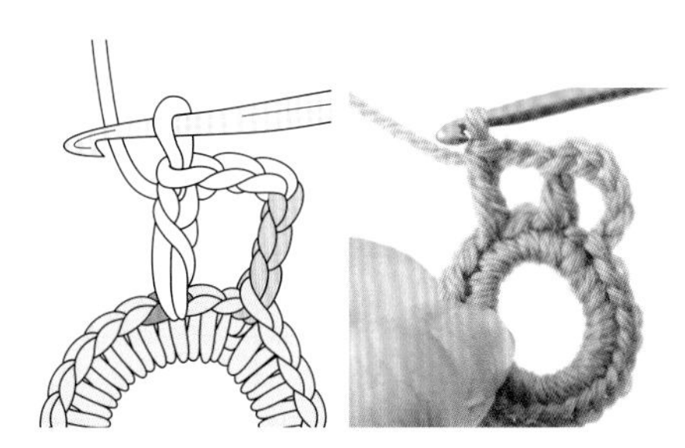

2. 至最后的引拔针近前，按照记号图重复钩编2针锁针和长针。图中为第2次的长针钩编完成状态。

Step 2　换线

间色的关键在于换线的时机和绕线的方法。
掌握针法之后，任何花样的间色都不再困难。

第2行的钩编结束处

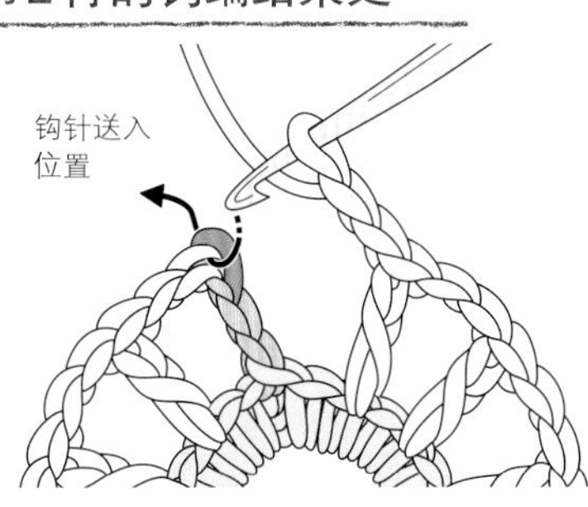

1. 钩编结束处，将钩针送入钩编开始处立针的第3针锁针的半针和里侧。

2. 线不引拔，从钩针的近身侧绕线至背面。

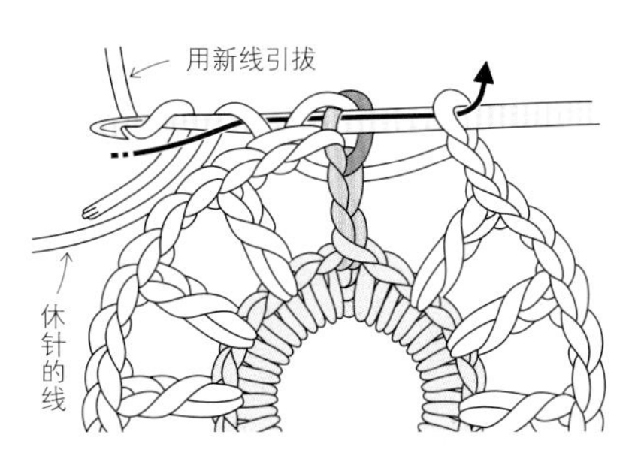

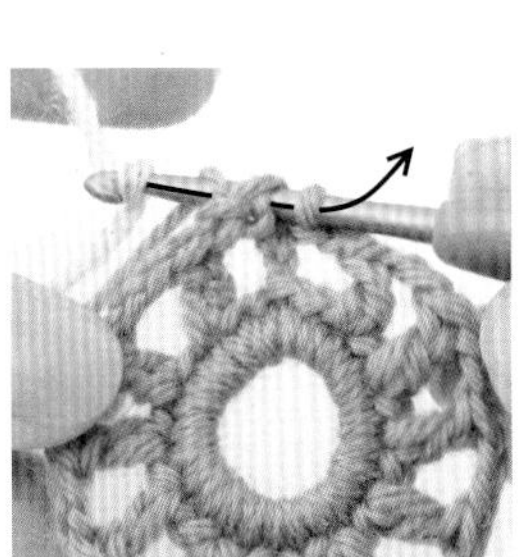

3. 新线缠绕于钩针，并将缠绕于钩针的所有线一起引拔。

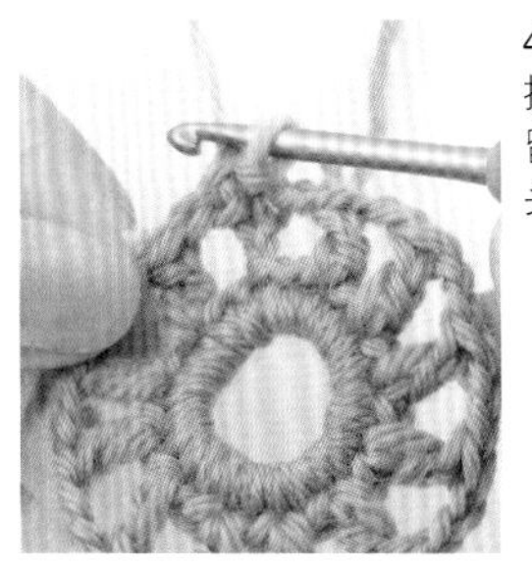

4. 引拔完成状态，换线完成。最后留下7～8cm线头。

Step 3 钩编包裹住线头，同时钩编下一行

第3行继续用新线钩编，但将线头钩编包裹住就不用到最后处理线头。
之前钩编的线将用于第4行，所有原样休针即可。

第3行

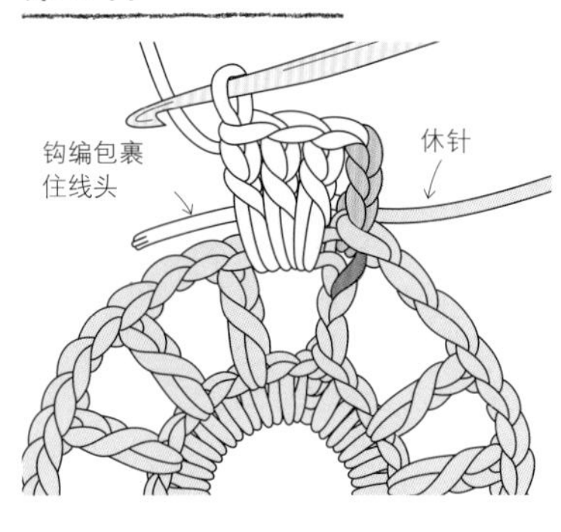

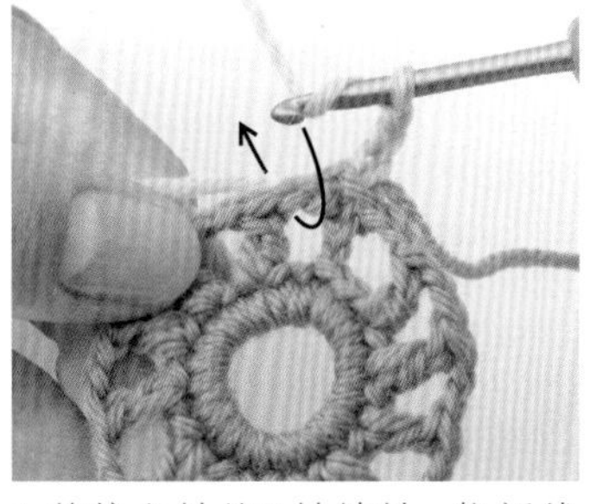

1. 钩编立针的3针锁针，将新线的线头一并挑起，同时钩编3针锁针入束内。

线头的处理

如果花样具有一定空隙，则不可以将线头钩编包裹。这时，只有等到钩编结束处用毛线针将线头潜入背面（参照第32页）。

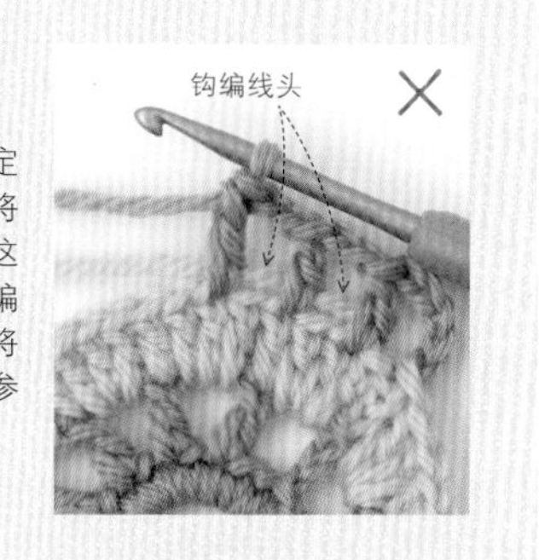

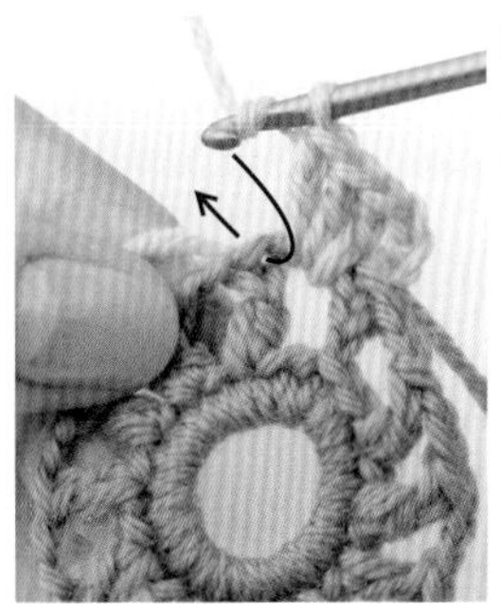

2. 接着，挑起上一行长针的头2根，钩编长针。同时，将线头一起挑入编针内进行钩编。

3. 长针钩编完成。按照记号图，以此钩编第3行。钩编包裹住5cm左右线头，多余线头剪断。

4. 钩编至最后的引拔针近前。

“束”和“针”

将钩针送入上一行的锁针构成的空间的钩编方法称作“编入束内”、“送入束内”或“挑入束内”。相对而言，挑起短针及长针等针圈的头部的2根线的钩编方法称作“送入针圈内”、“编入针圈内”。

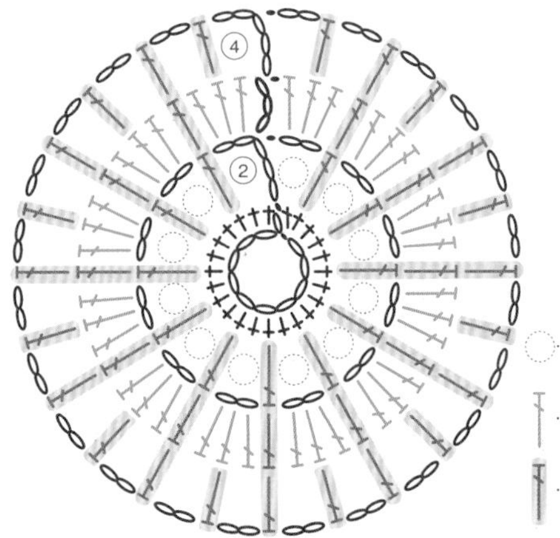

在上一行的短针及长针的正上方有编针记号的位置编入针圈内，在锁针的上方有编针记号的位置编入束内。之前介绍的花样也可依此重新确认。

（例：第3行的钩编方法）

“编入束内”

钩针送入空间内。

a

钩编完成。

“编入针圈”

钩针送入长针的头部的2根线。

a

钩编完成。

Step 4 再次换线

第4行再次换线。换线方法同 step2 一样，但是不用新线，而是继续使用第2行的线。

第3行的钩编结束处

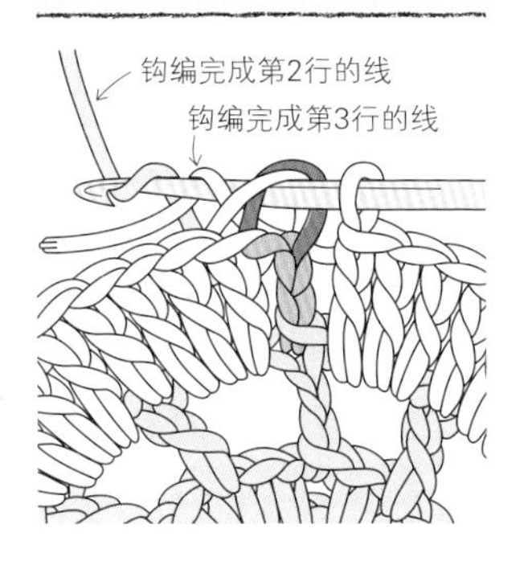

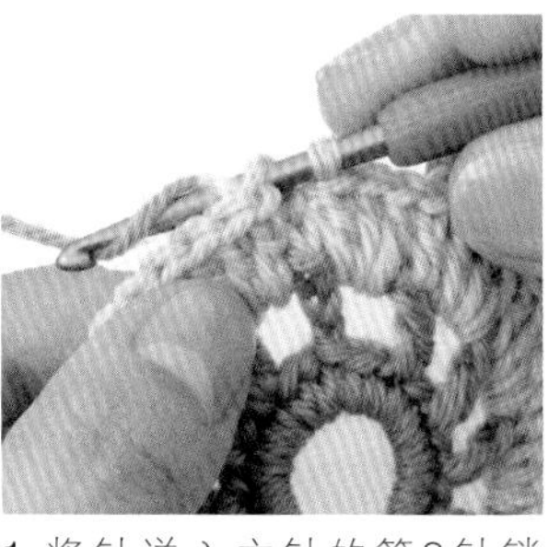

1. 将针送入立针的第3针锁针的半针和里侧，休针的线提起缠绕于钩针。

2. 将缠绕于钩针的线一并引拔。钩编完成第3行的线留下10cm剪断。

从背面看的状态。

3. 将钩编完成第2行的线从下方挑起。

第4行

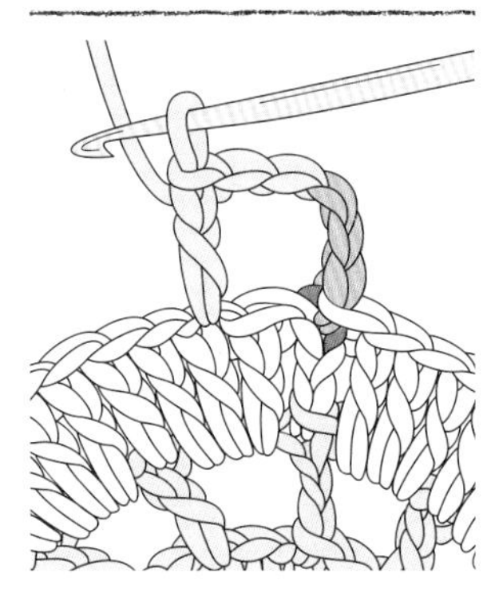

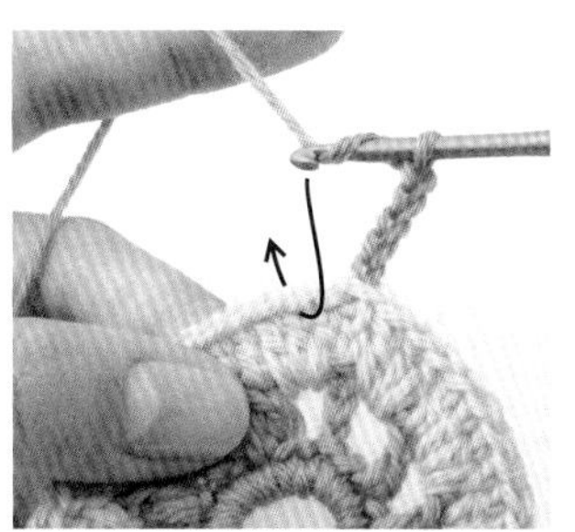

1. 钩编立针的3针锁针和接下来的2针锁针，钩针送入跳过1针的上一行长针的头2根，钩编长针。

2. 长针钩编完成。之后，按照记号图，重复锁针2针及长针1针至最后的引拔针的近前。

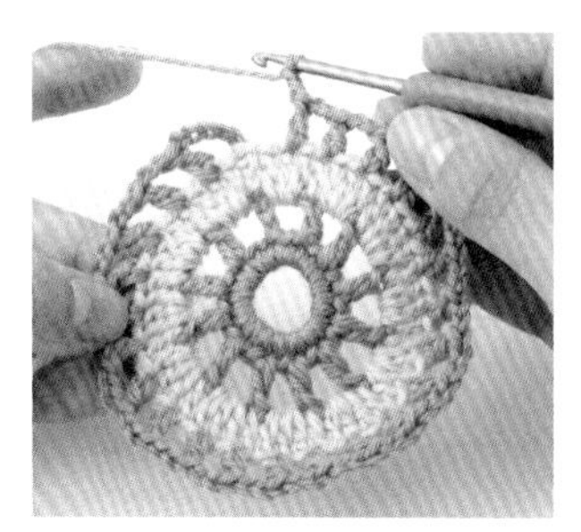

3. 钩编完成至最后的锁2针。

POINT

换线要记住“立针前的引拔”！

网编等在行的结束处也有可能不是引拔针。比如长针绕线一次引出，之后两次引拔。但是下一行需要换线时，在最后引拔时换新线。

（例：试着在b的花样（第12页）的第2行换线）

1. 钩编至第1行的最后长针的中途（之后一并引拔完成）。

2. 将之前钩编完成的线从钩针的近身前缠绕至背面，将新线缠绕于针。

3. 一并引拔，换线完成。

4. 从下一行的立针开始用此线钩编。图中为立针的锁1针和短针的钩编完成状态。

Step 5 钩编结束后的线头处理

进行钩编结束后的线头处理（a 花样的方法，参照第 17 页）及中途换线处的线头处理。

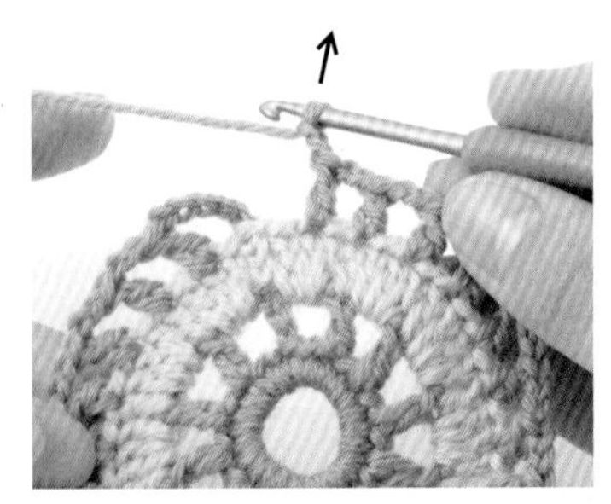

1. 线头留下10cm左右剪断，引拔针圈。并将线头穿过毛线针。

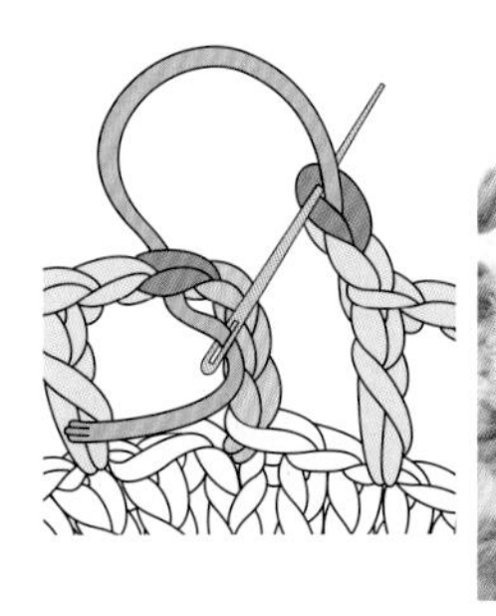

2. 如插图所示，将针送入立针的3针锁针之后的锁针、第4行的最后的锁针中心，并引线。

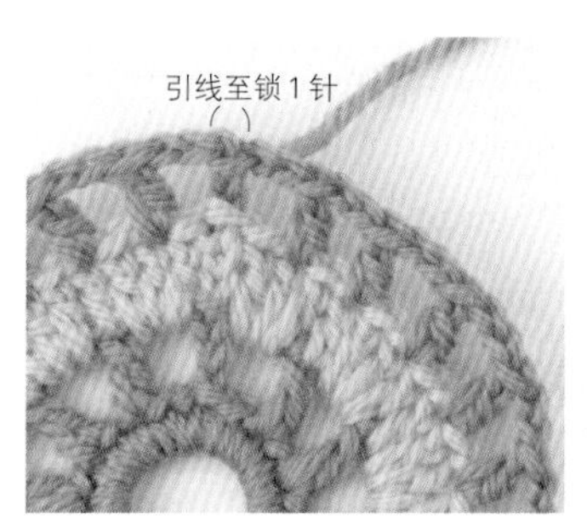

3. 引线至锁1针大小程度。

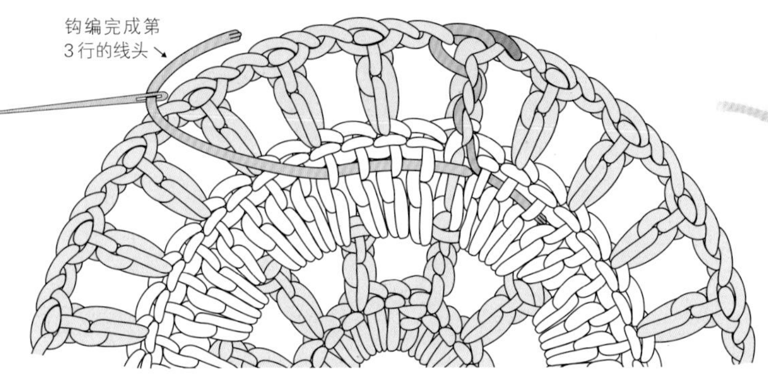

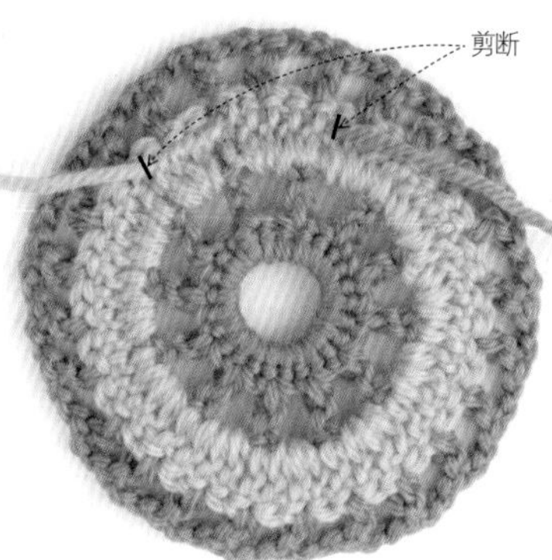

4. 织片翻到背面，将线头潜入编针，并注意线头不要露出正面。换线的位置也同样方式潜入编针。最后，贴近织片剪断线头。

POINT

逐行换线时的方法

之前的例子中，第2行及第4行使用相同颜色的线进行钩编，线头不剪断休针。
但是，如果不使用相同线钩编，则需剪断线后继续钩编。将线头2根一起编织包裹住亦可。

1. 同 step2 方法一样换线，钩编完成第2行的线留下7～8cm 剪断。

2. 将剪断的线头和新线一并钩编包裹，同时钩编第3行。

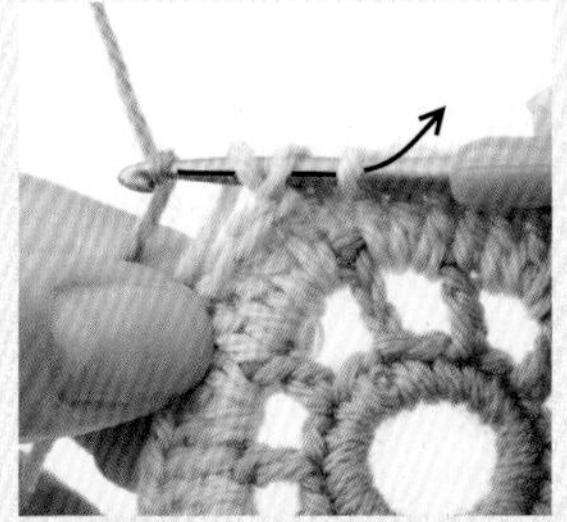

3. 第3行的结束处，同步骤1一样将新线缠绕于针，并将所有针圈一并引拔。

4. 用新线钩编至最后。

使花样钩编更具乐趣的色彩搭配

掌握间色的针法，使花样更具乐趣。
深浅的色调搭配出绝佳的和谐感，反色搭配也能装饰出统一性。
三色搭配甚是可爱，白色加米色的原色设计也人气不减。
炫彩的糖果色搭配的小花样也格外精致。
使用同号数的钩针，尝试不同类型编织线的搭配，一定要亲手体会其中的乐趣！

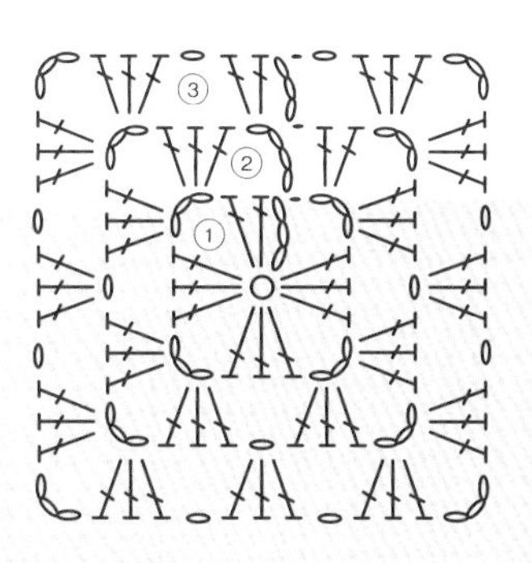

全部都是第12页的花样钩编至第3行的造型。

花样的拼接方法

花样拼接的小桌垫

花样拼接的11种针法

拼接方法分为两种，边钩编边拼接的方法和钩编结束后拼接的方法。
本篇以小桌垫为例学习拼接的针法。
只要掌握方法，可自由的增加花样的数量及布置。

边钩编边拼接

针法1　引拔针拼接　how to P41

针法2　短针拼接　how to P44

钩编最终行，同时拼接于之前钩编完成的花样。
这是一种最常用的花样拼接针法。
图片的桌垫使用引拔针拼接。

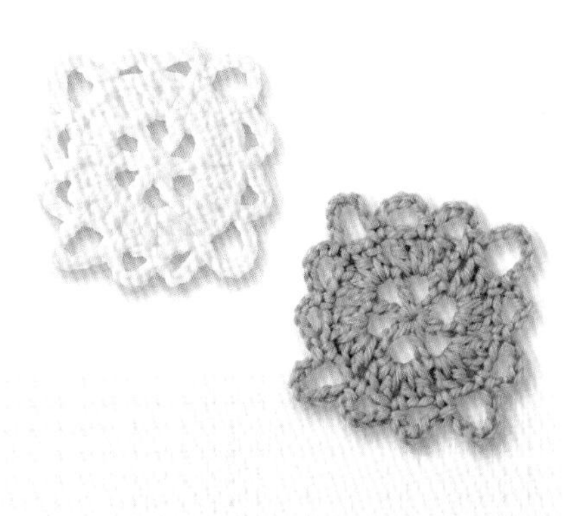

边钩编边拼接

针法3 引拔针在相同位置拼接 how to P45

针法4 短针在相同位置拼接 how to P48

根据花样的布置，可能出现在同一位置拼接多个花样的情况。
这个桌垫作品就是由中心拼接着4片花样。
钩针送入位置整齐，钩编有其诀窍。
图中为引拔针拼接。

边钩编边拼接

针法5　间隔钩长针拼接 how to P49

钩编至拼接位置后，先将钩针从针圈中松开，并从松开处的针圈继续钩编相邻的花样。
是一种用于花朵形状花样的花瓣前端拼接时的方法。

边钩编边拼接

针法6　间隔钩长针拼接　how to P52

先将钩针从针圈中松开，再将相邻的花样沿松开的针圈拼接。
之后，挑起拼接前端的花样的长针的头部，同时钩编增加的花样的长针。

钩编结束后拼接

针法7 短针拼接 how to P55

针法8 引拔针拼接 how to P58

钩编完成所有的花样后，再用钩针进行拼接。
针法7的短针将拼接部分作为设计造型的一部分表现出来。
针法8的引拔针从正面看去，已经将拼接部分隐藏。
可根据设计需要，选择性应用。
图片中为短针拼接。

钩编结束后拼接

针法9 半针卷针拼接 how to P59

针法10 全针卷针拼接 how to P62

钩编完成所有的花样后，再用钩针进行拼接。
轻薄、整齐的半针卷针的方法和牢固的全针卷针的方法。
图片中为卷针半针的拼接方法。

边钩编边拼接&
钩编结束后拼接

针法11　填充钩编结束后空间的方法 how to P63

布置花样时，拼接的花样之间可能会产生一些空间。
这时，用其他钩编方法填充空间，又会表现出别样的装饰效果。
此处，使用了最简单的网编填充方法。

第34页的桌垫

花样拼接的11种针法

针法1　引拔针拼接

针法2　短针拼接

●线　羊毛粗线（白色10g，深褐色5g）●钩针　5/0号
●花样的尺寸　直径6cm　●桌垫的尺寸　长16.5cm×宽18cm

[花样的钩编要点]

起针为“手指绕线成环形的方法（参照第14页）”。第1行的钩编结束处，立针的第3针锁针的半针和里侧引拔后，在左下方空间钩编引拔针入束内，并立起。第2行的钩编结束处，挑起立针的第3针锁针的半针和里侧，钩编短针。第2行的短针最后的引拔处换线。

[拼接方法要点]

首先钩编中心的1片花样，从第2片花样开始沿第1片的最后一行钩编拼接。边钩编边拼接处为引拔针的记号。

钩编拼接顺序

3 4
2 1 5
7 6

针法1的记号图（拼接方法）

①
②
③

▷ = 接线
► = 断线

在箭头前端所示的空间钩编引拔针入束内。靠近引拔前端标记容易辨别，也会省去箭头标记。

※ 针法2的记号图和拼接方法见第44页

针法1　引拔针拼接

※ 为方便辨别，特意改变编织线的颜色。

Step 1　第2片拼接于第1片

第2片花样的记号图

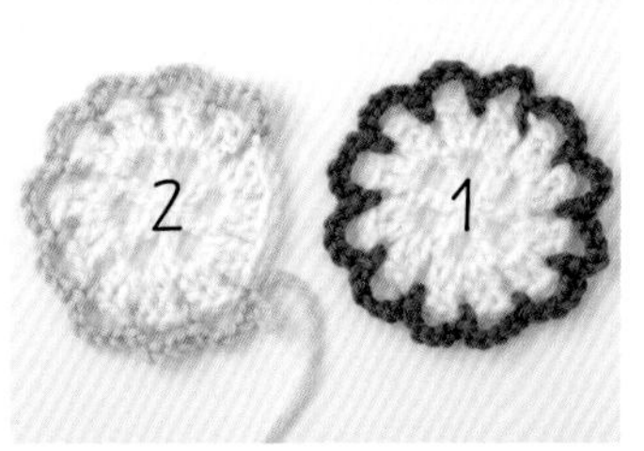

1.钩编第1片。第2片，锁针钩编出9个花瓣（第3行的锁针的花瓣部分）。

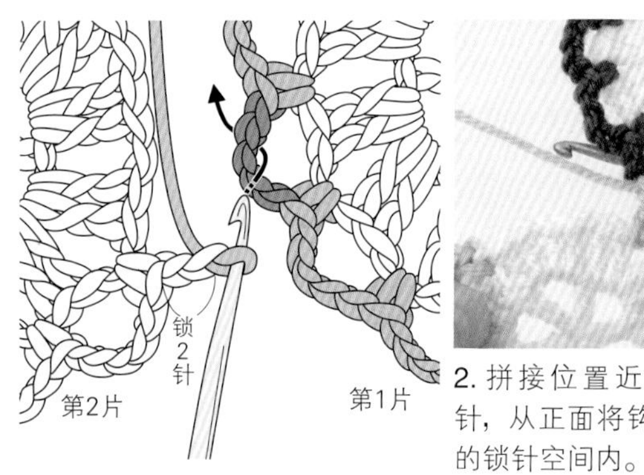

2. 拼接位置近前钩编2针锁针，从正面将钩针送入第1片的锁针空间内。

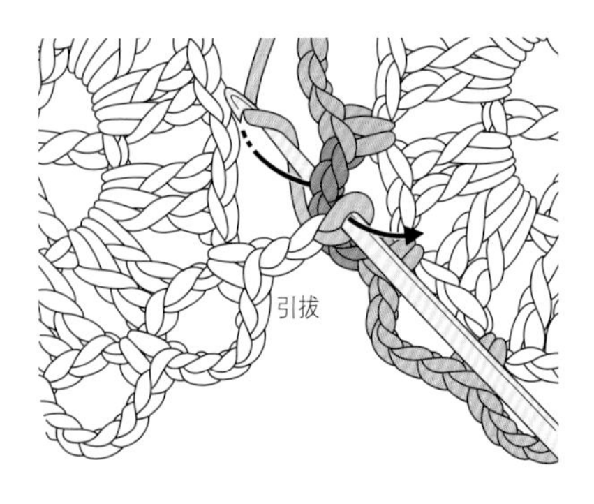

3. 线绕于钩针，并引拔。图片为引拔完成状态。

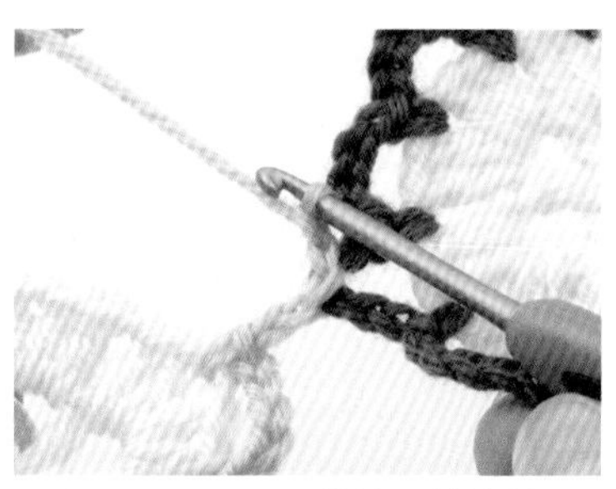

4. 如记号图所示，钩编2针锁针。

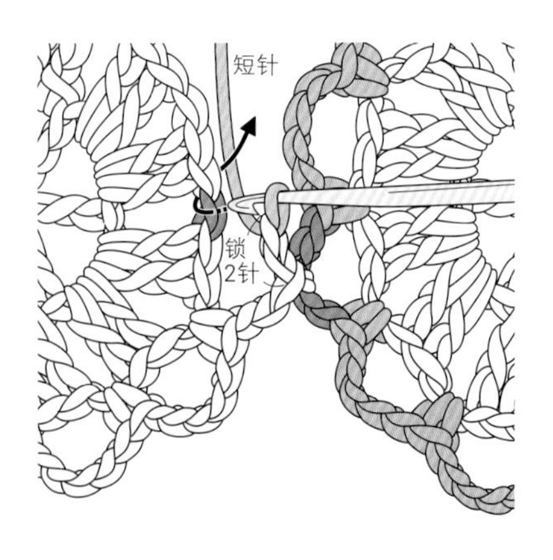

5. 同之前一样，在第2片的花样处钩编短针。

6. 短针钩编完成。

7. 重复步骤2～6，并用引拔针拼接于相邻的花瓣侧。

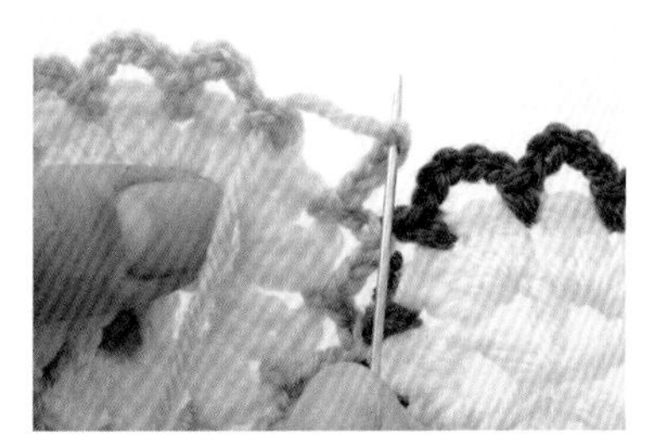

8. 最后，钩编4针锁针，并处理线头（参照第21页）。

9. 第2片拼接于第1片的完成状态。

Step 2 第3片拼接于第2片及第1片

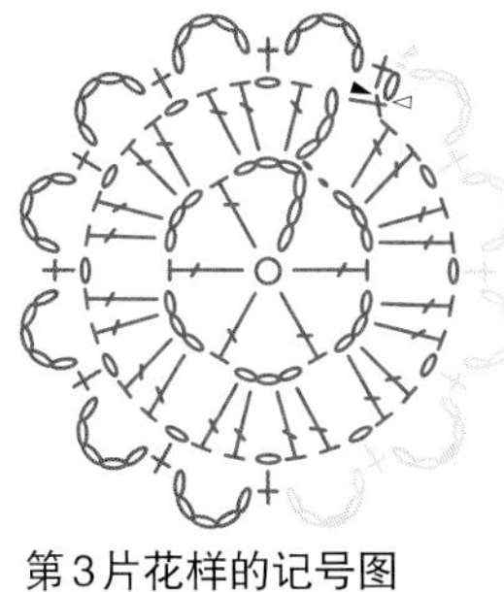

第3片花样的记号图

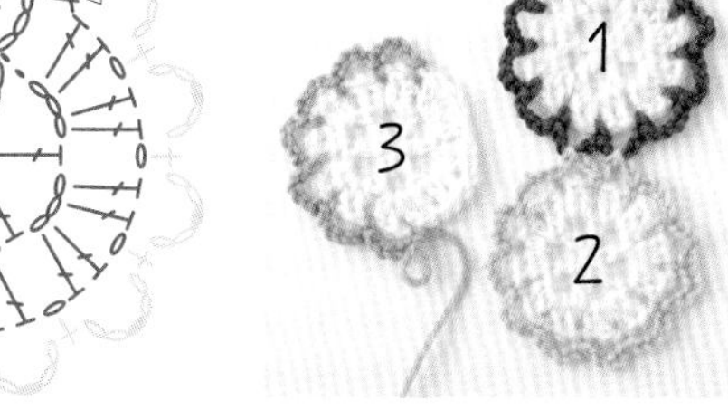

1. 因为需要拼接于第2片及第1片，所以第3片先钩编出7个瓣。

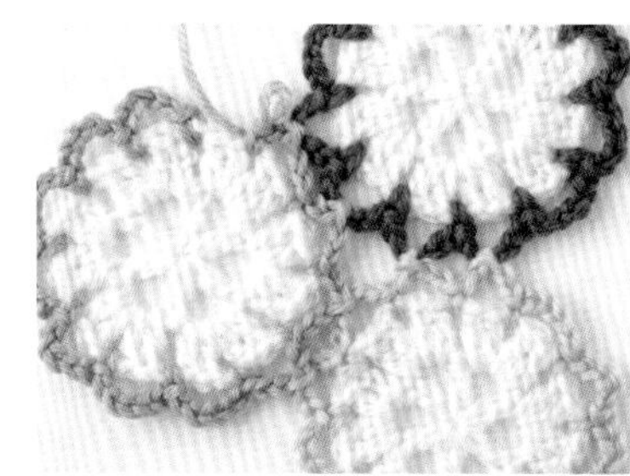

2. 同step1一样的钩编方法，首先拼接于第2片，接着拼接于第1片。图片为同其他两片拼接完成状态。之后，钩编完成剩余的瓣，并处理线头。

Step 3 第7片拼接于第6片、第1片、第2片

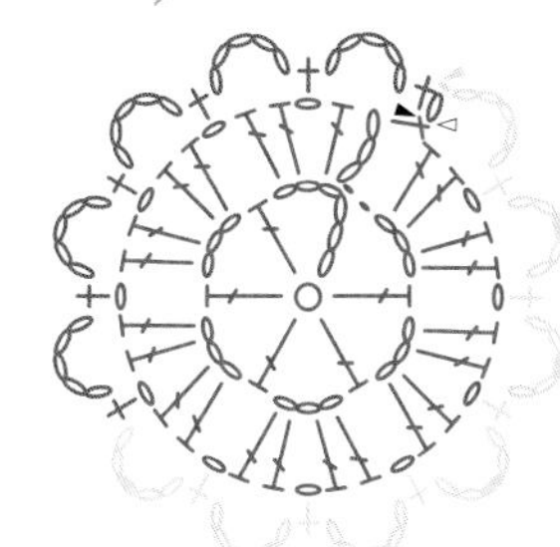

第7片花样的记号图

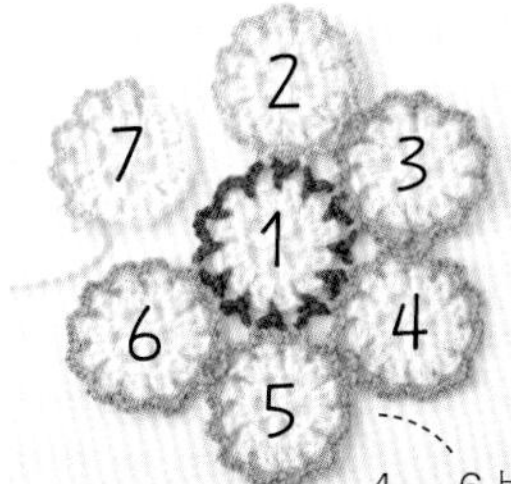

1. 第7片先钩编出5个锁针的瓣，并按顺序拼接于第6片、第1片、第2片。

4～6片同step2一样，拼接于之前钩编的花样及中心的花样。

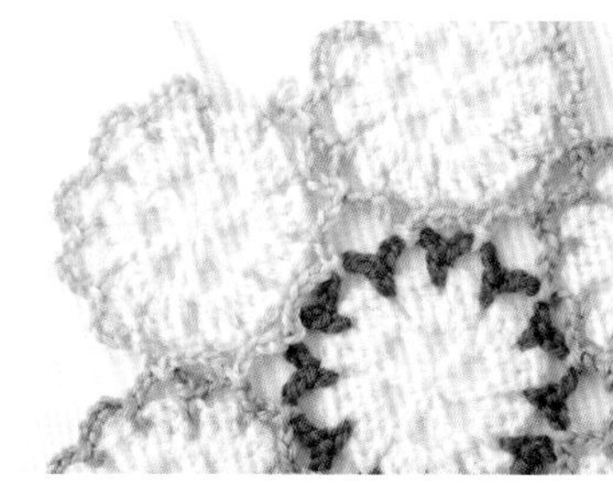

2. 同step1一样的钩编方法，同三片花样拼接完成。之后，钩编完成剩余的瓣，并处理线头，桌垫就制作完成。

POINT

逐片进行线头处理

花样拼接时，需要在每片钩编结束后逐片处理线头。
之后再做处理的话，会因为数量太多造成麻烦。

从织片的背面送针拼接

从钩针上方送针时，拼接位置的装饰效果会稍稍产生变化。记号图为相同的引拔针的记号。

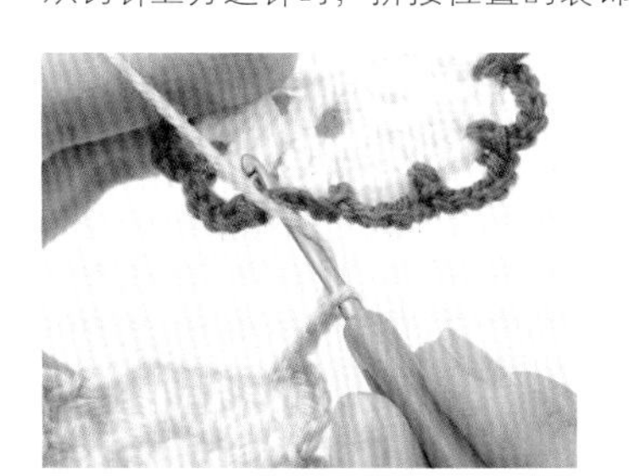

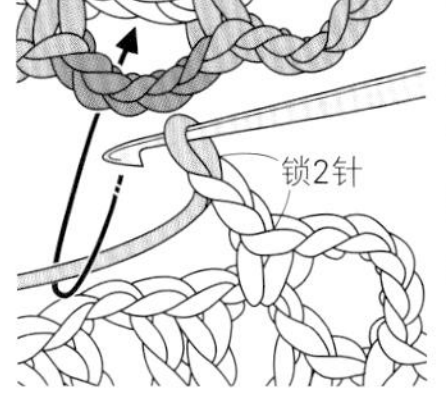

1. 钩针从钩编线的下方穿过，从背面送入第1片花样的最终行的锁针的空间。

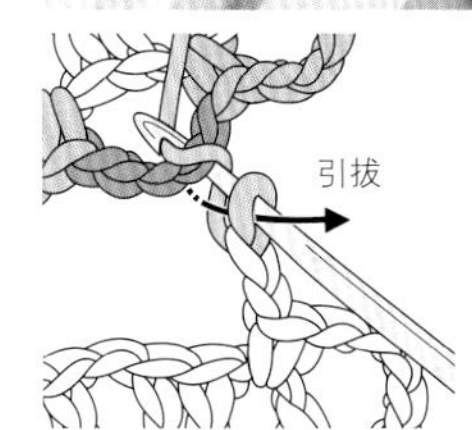

2. 以此将线缠绕于钩针引拔。图片为引拔完成状态。

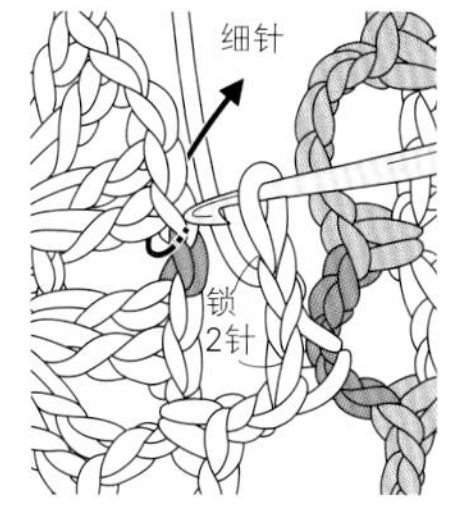

3. 返回至钩编中途的花样（第2片）钩编细针时，从正面送入钩针进行钩编。两片一起拼接完成。

针法2　短针拼接（针法1的引拔针变换为短针）

※ 为方便辨别，特意改变编织线的颜色。

针法 2 的记号图（拼接方法）

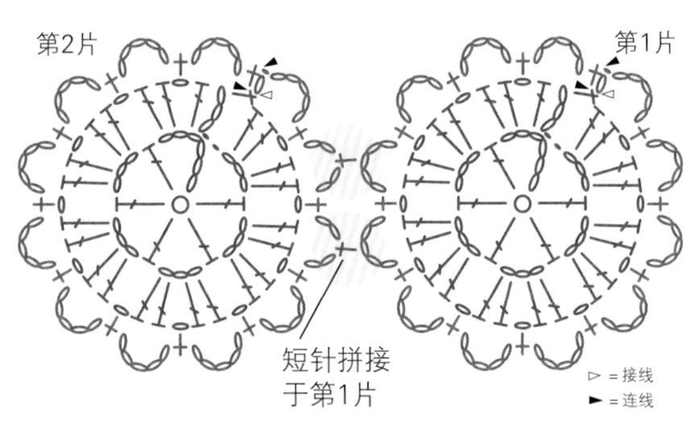

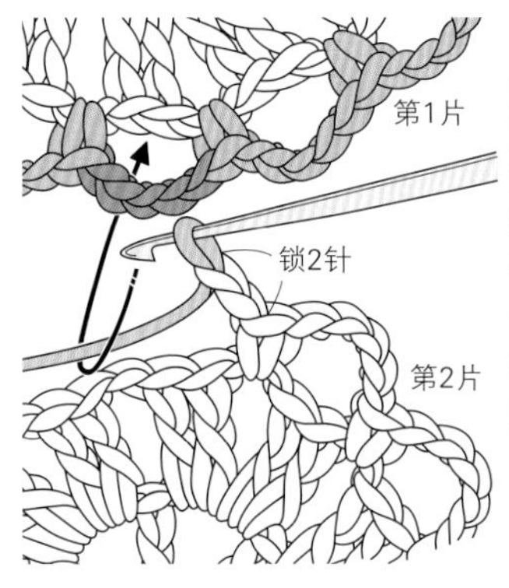

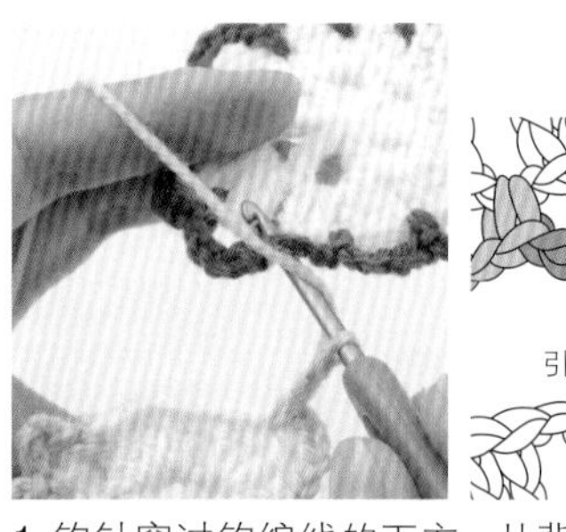

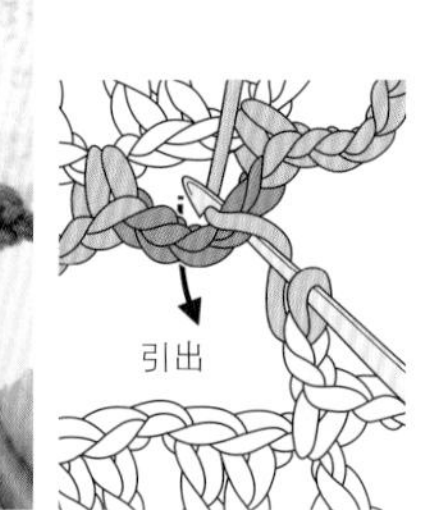

1. 钩针穿过钩编线的下方，从背面送入第1片花样的最终行的锁针的空间。

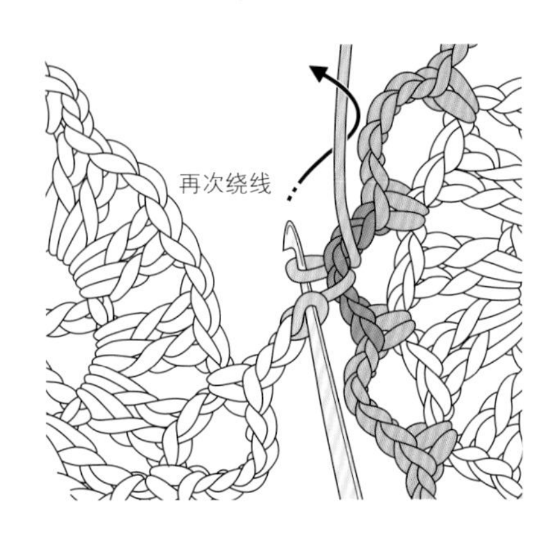

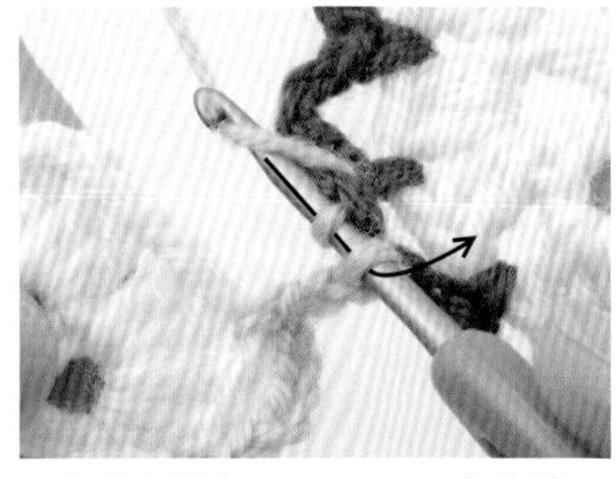

2. 如左侧的插图所示，再次绕线于钩针，并引拔。

3. 短针钩编完成。

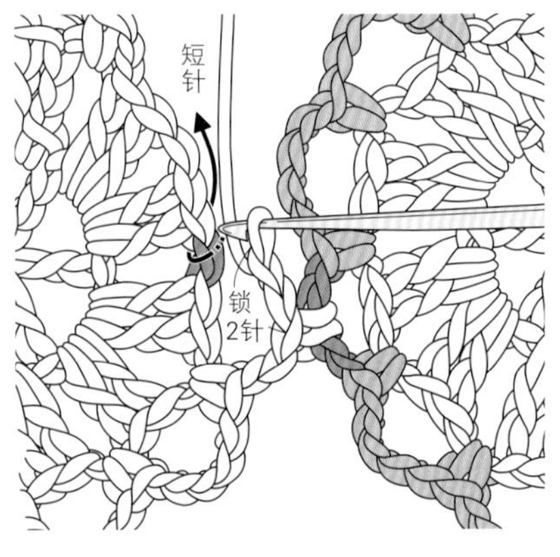

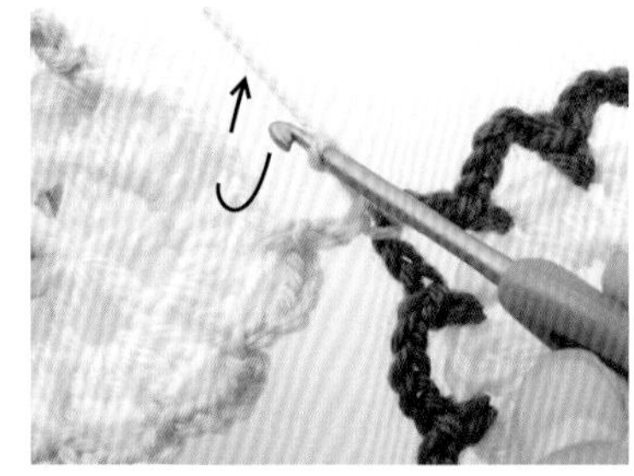

4. 钩编完成2针锁针后，返回至钩编中途的花样（第2片），同之前方法一样从正面入针钩编短针。

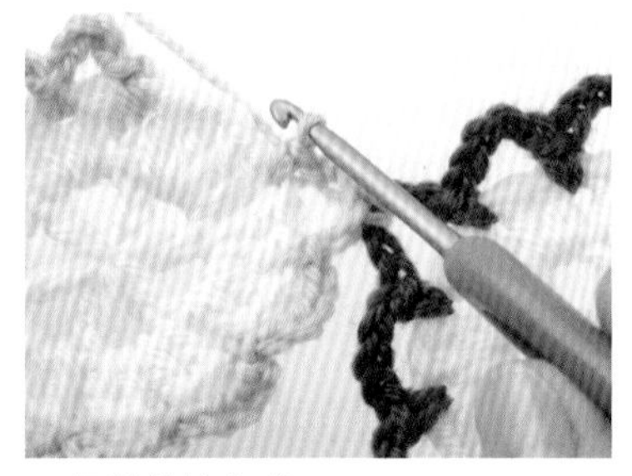

5. 短针钩编完成。

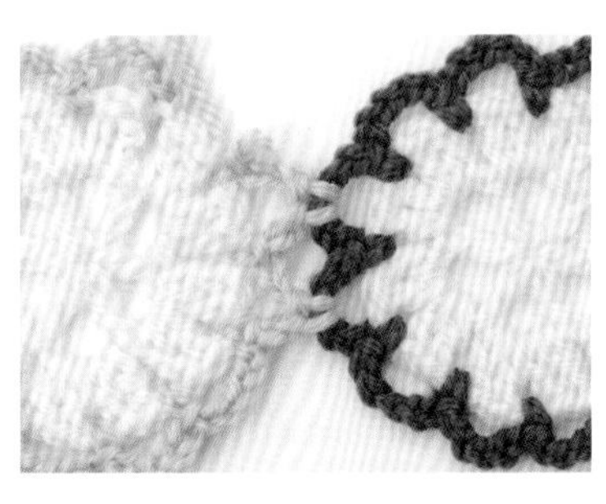

6. 重复步骤1～5，相邻的瓣也同样用短针拼接。即使钩编拼接的数量增加，拼接的顺序等同针法1一致。

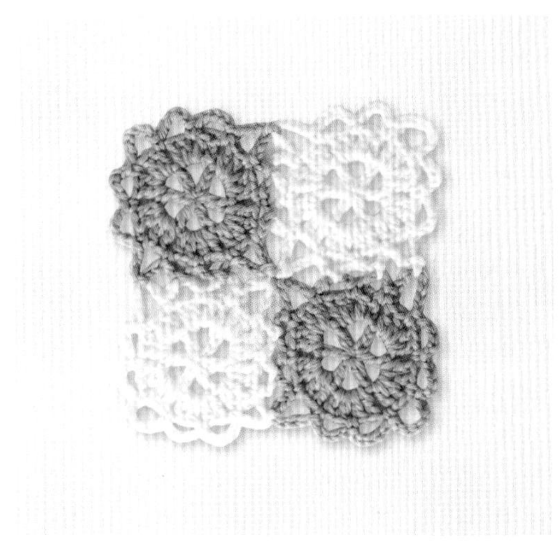

第35页的桌垫

针法3　引拔针在相同位置拼接

针法4　短针在相同位置拼接

●线　羊毛中粗线（白色·浅褐色各5g）●钩针　5/0号
●花样的尺寸　6cm×6cm　●桌垫的尺寸　纵长12cm× 横长12cm

[花样的钩编要点]

使用第34页的桌垫设计，至第2行都是相同的钩编方法。第3行每隔3瓣增加2针锁针的针数，制作成边角，形成所需的四边形。

[拼接方法要点]

4片花样边角拼接的中央位置是关键。第2片拼接于第1片同针法1、2一样，第3及4片拼接第2片的编针处送入钩针进行拼接。除第4片的重合部分，均同针法1、2的方法一样拼接。

钩编拼接的顺序

针法3的记号图（拼接方法）

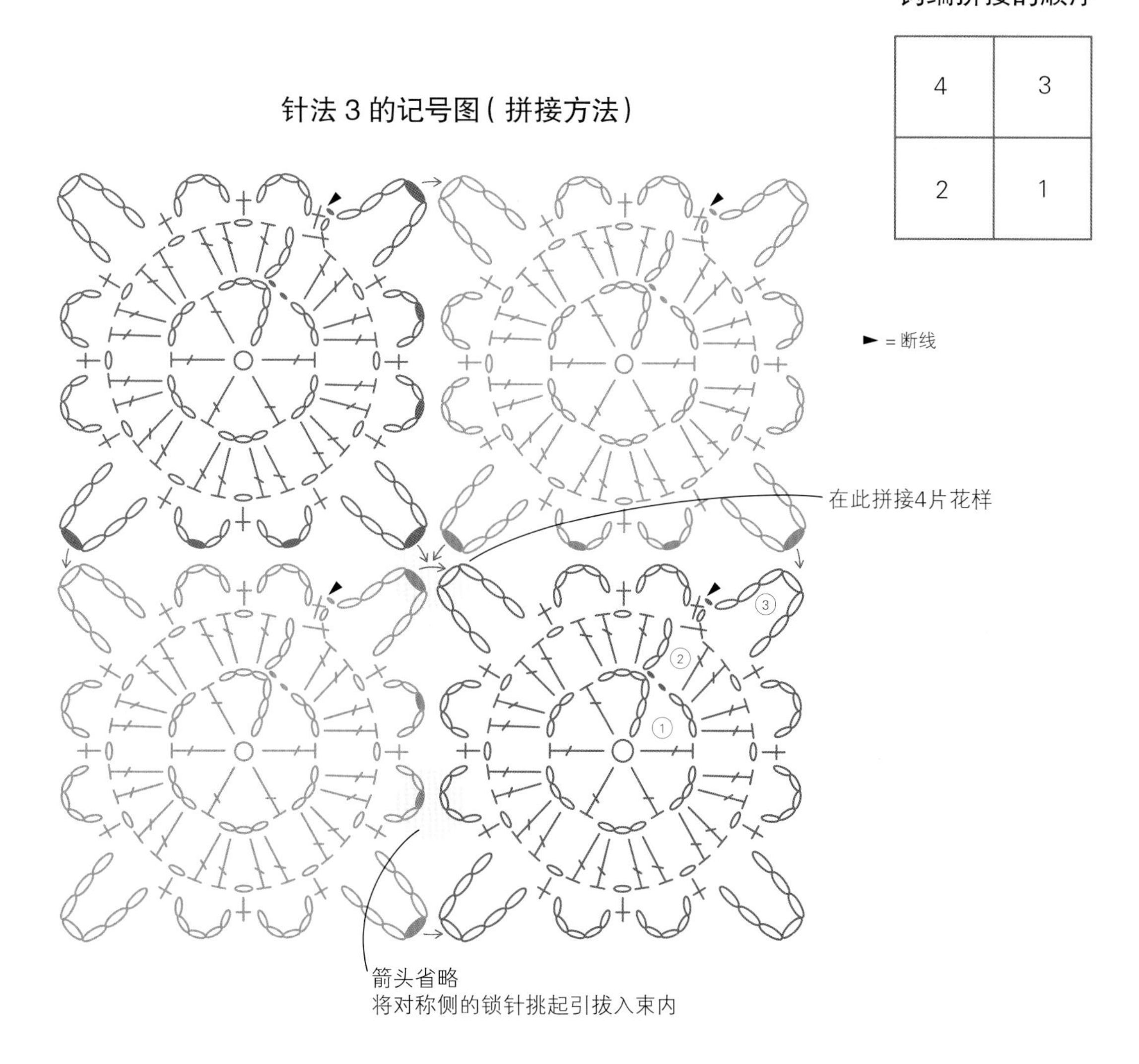

※ 针法4的记号图和拼接方法见第48页

针法3 引拔针在相同位置拼接

※ 为方便辨别，特意改变编织线的颜色。

Step 1 第2片拼接于第1片

第2片花样的记号图

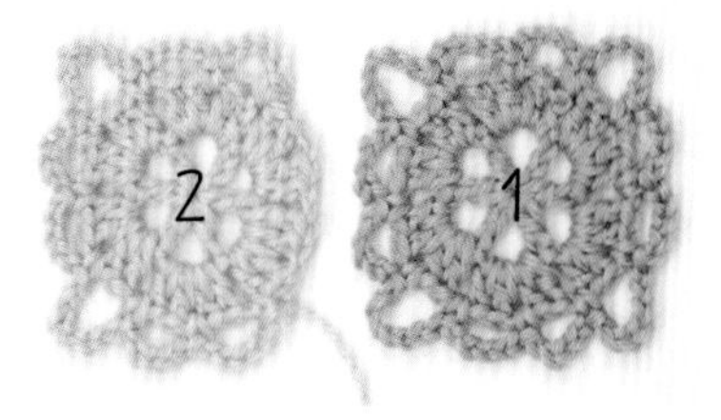

1. 钩编第1片。第2片先钩编出8个锁针的瓣。

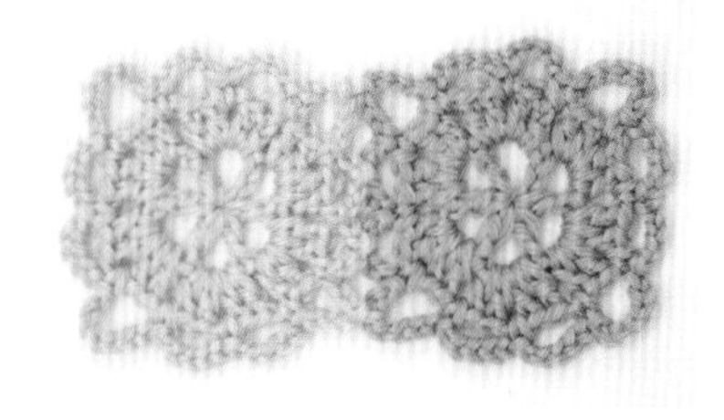

2. 按针法1（参照第42页）拼接4处。边角的瓣在拼接前后分别钩编3针锁针。

Step 2 第3片拼接于第2片、第1片

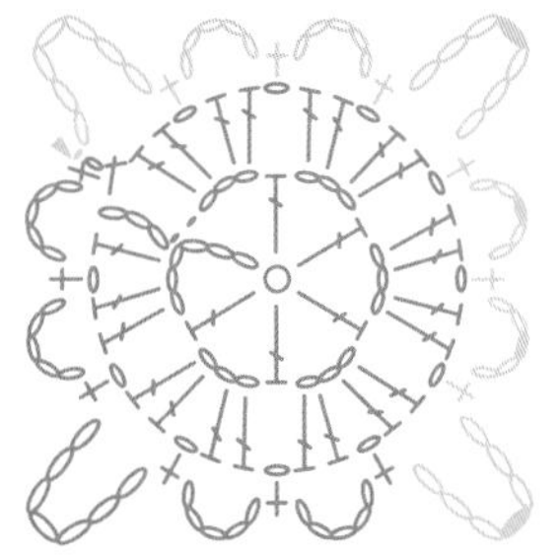

第3片花样的记号图

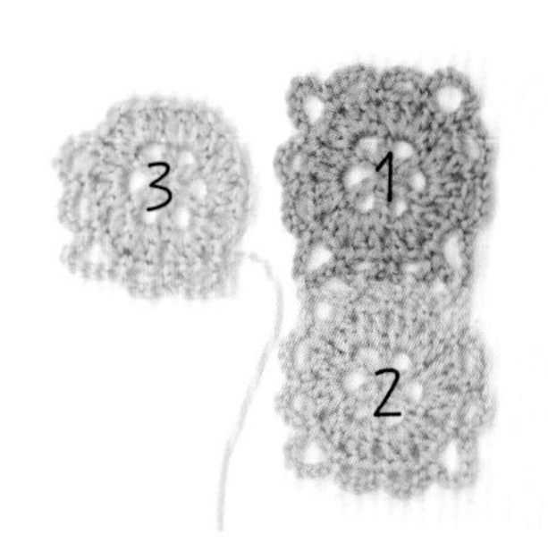

1. 第3片先钩编出5个锁针的瓣。

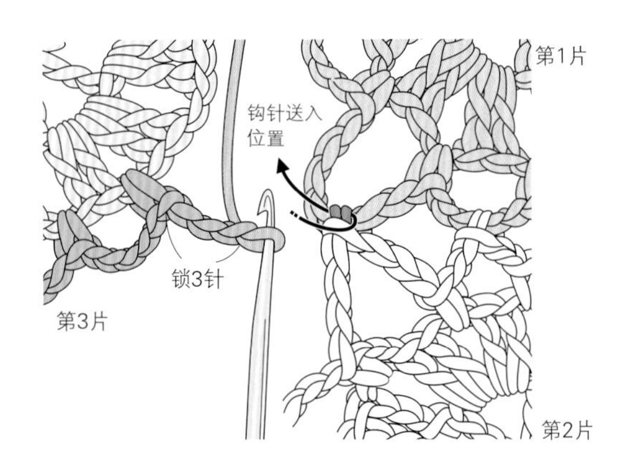

2. 钩编完成3针锁针，如插图所示将钩针送入第2片拼接于第1片的引拔针的底部2根处，并绕线引拔。

3. 引拔完成状态，第3片的边角拼接完成。

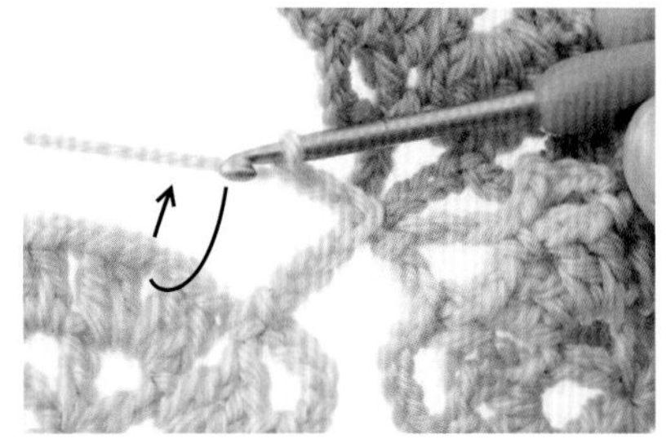

4. 钩编3针锁针，回到钩编中途的花样（第3片），钩编短针入束内。

5. 短针钩编完成。继续引拔，同时钩编拼接于第1片，并钩编完成剩余的一边。

Step 3 第4片拼接于第2片、第1片、第3片

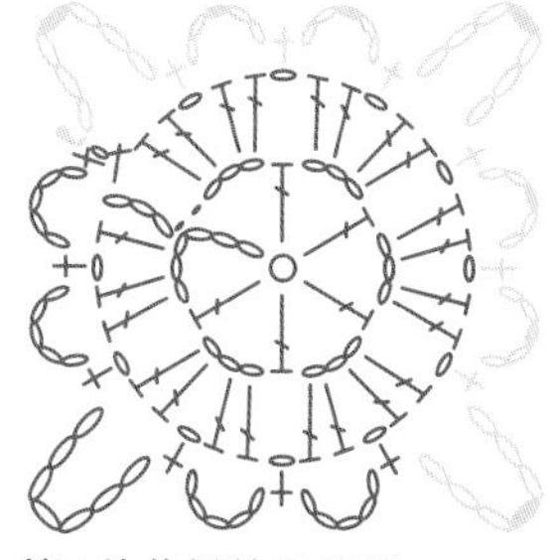

第4片花样的记号图

1. 第4片先钩编5个锁针的瓣，用引拔针从边角处将3个瓣拼接于第2片。

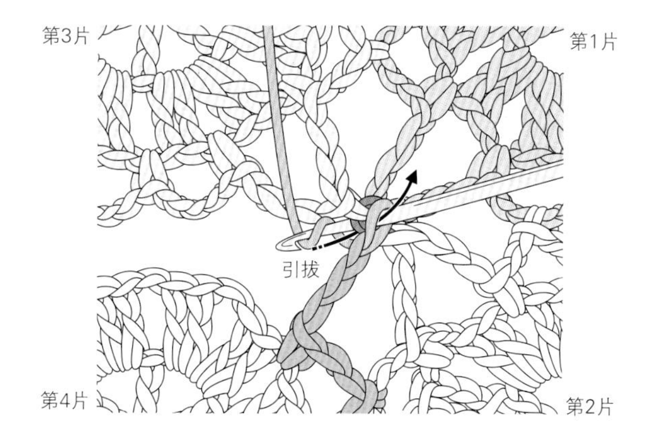

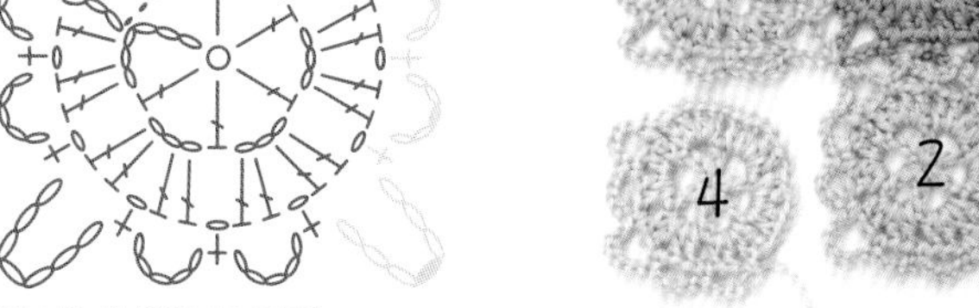

2. 一下个边角处将钩针送入第3针引拔的相同位置（第2片拼接第1片的引拔的底部2根），并引拔。

3. 引拔制作完成。

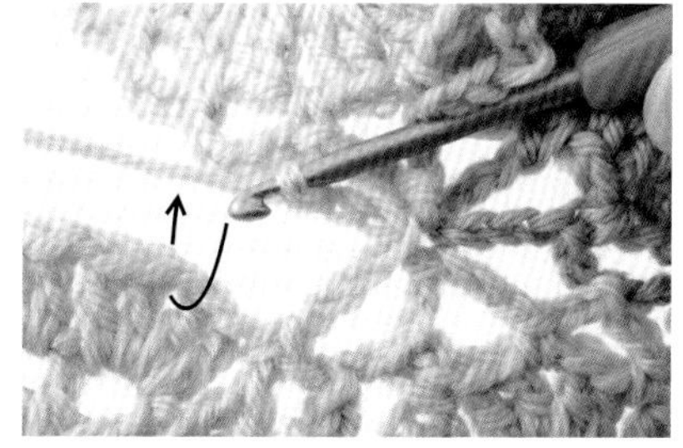

4. 钩编3针锁针，回到钩编中途的花纹（第4针），钩编短针入束内。

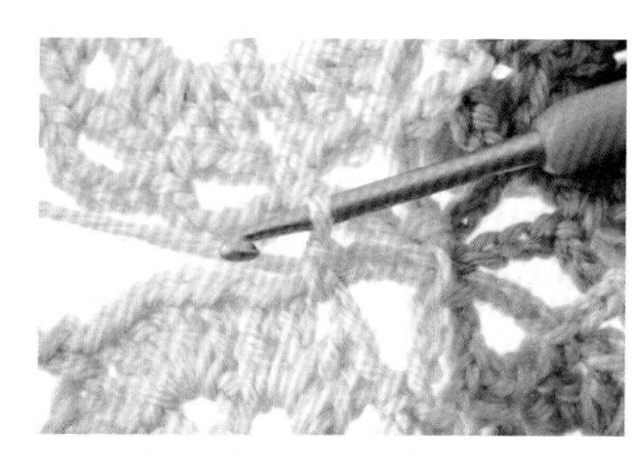

5. 短针钩编完成。继续引拔，同时钩编拼接于第3片，并处理线头。

POINT

多个花样拼接时，将针送入拼接第2片的编针的底部

所有花样拼接于第1片的边角，拼接针圈就会扩张，感官上也缺乏稳定感。多个花样拼接时，第3片之后的所有花样都将钩针送入第2片拼接于第1片的编针的底部。

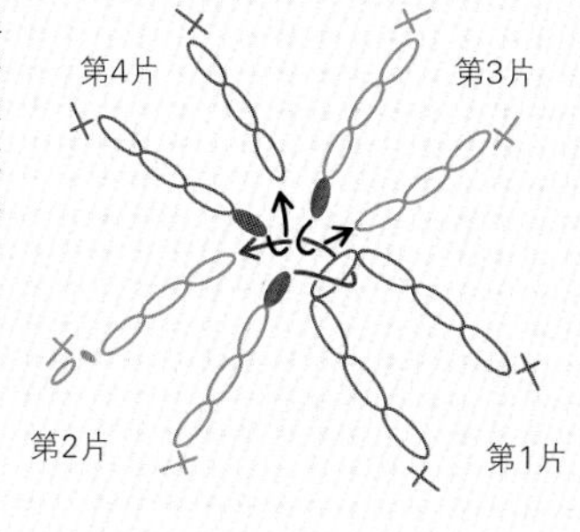

如果所有的花样都拼接于第1片，拼接针圈会扩张。

如果第3片之后的花样拼接于第2片，拼接针圈都集中于一处。

针法4　短针在相同位置拼接

（针法3的引拔针变换成短针）

※ 为方便辨别，特意改变编织线的颜色。

针法4的记号图（拼接方法）

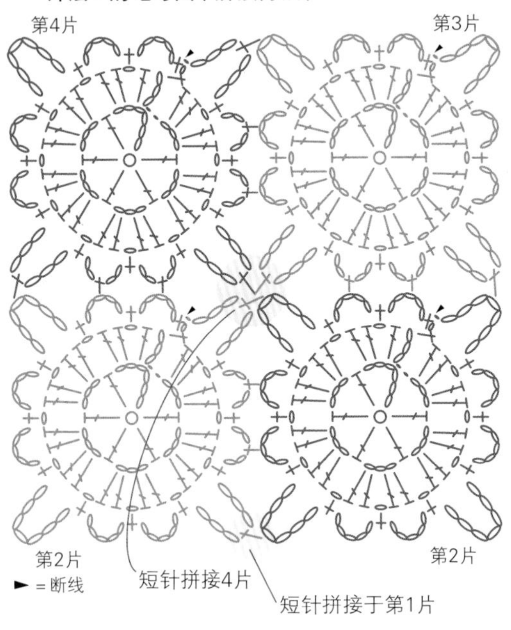

※ 第1片和第2片按照针法2（参照第44页）钩编拼接

Step 1　第3片拼接于第2片、第1片

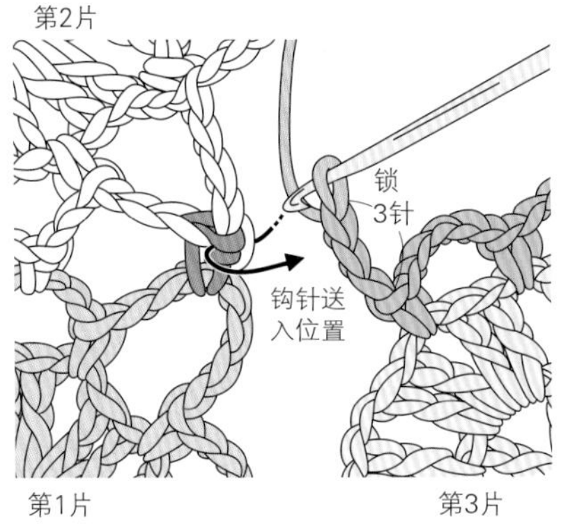

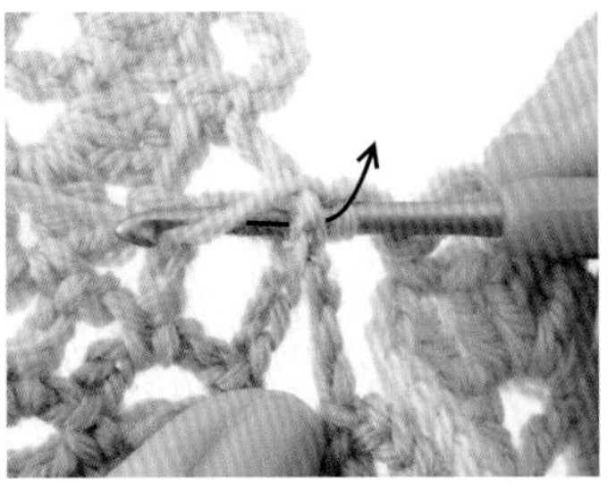

1. 第3片钩编3针锁针，钩针从背面送入第2片拼接于第1片的短针的底部，绕线引出。

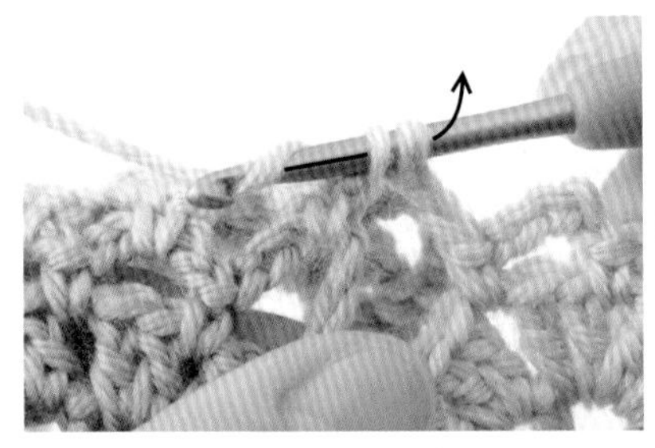

2. 再次绕线于针，并引拔。

3. 短针钩编完成。翻转织片，第3片花样放于左侧，使之后的编针不产生扭曲。

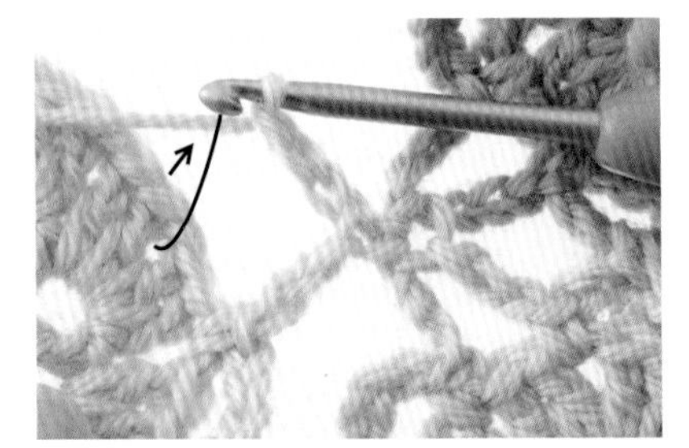

4. 钩编完成3针锁针后，返回至钩编中途的花样（第3片），同之前钩编方法一样从上方送入钩针，钩编短针。

5. 短针钩编完成。之后用短针钩编拼接于第1片，并钩编剩下的一边，最后处理线头。

Step 2　第4片拼接于第2片、第1片、第3片

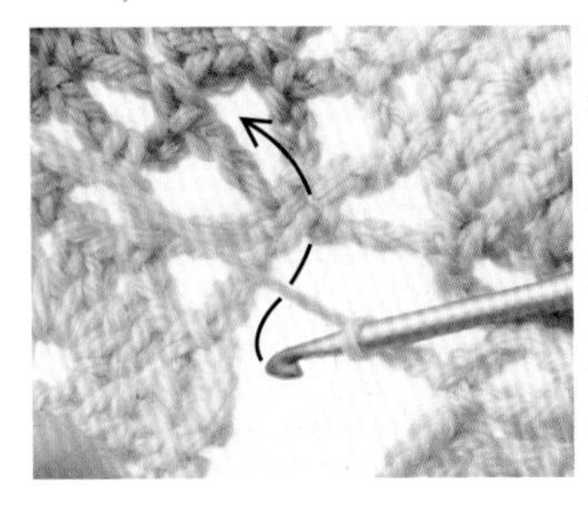

1. 第4片首先用短针3处拼接于第2片，靠近中央时从背面将钩针送入拼接第3片的相同位置（第2片拼接于第1片的短针的底部），钩编短针。

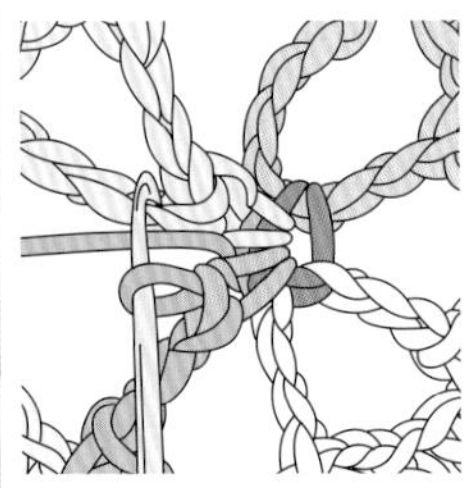

2. 短针钩编完成。第2片的短针的底部位置，第3片和第4片拼接一起。剩下的3处拼接于第3片，最后处理线头。

针法5 间隔钩长针拼接

●线 羊毛中粗线（淡粉色15g）●钩针 5/0号
●花样的尺寸 直径5.5cm ●桌垫的尺寸 纵长16.5cm× 横长15cm

[花样的钩编要点]

起针为“手指绕线成环形的方法”（参照第14页）。第1行使用长针2针的球球和锁针进行钩编，第2行的花瓣将钩针送入基底的锁针的瓣内，并编入束内。花瓣的中央稍稍较多引出长针的线，使造型更加美观圆润。

[拼接方法要点]

首先钩编中心的1片花样，第2片钩编拼接于第1片周围。先从拼接位置抽出钩针，穿过拼接对称侧的针圈继续钩编。此外，“长针钩编拼接”没有特定记号。

第36页的桌垫
（同封面桌垫同款造型，但颜色不同）

钩编拼接顺序

2
7 3
1
6 4
5

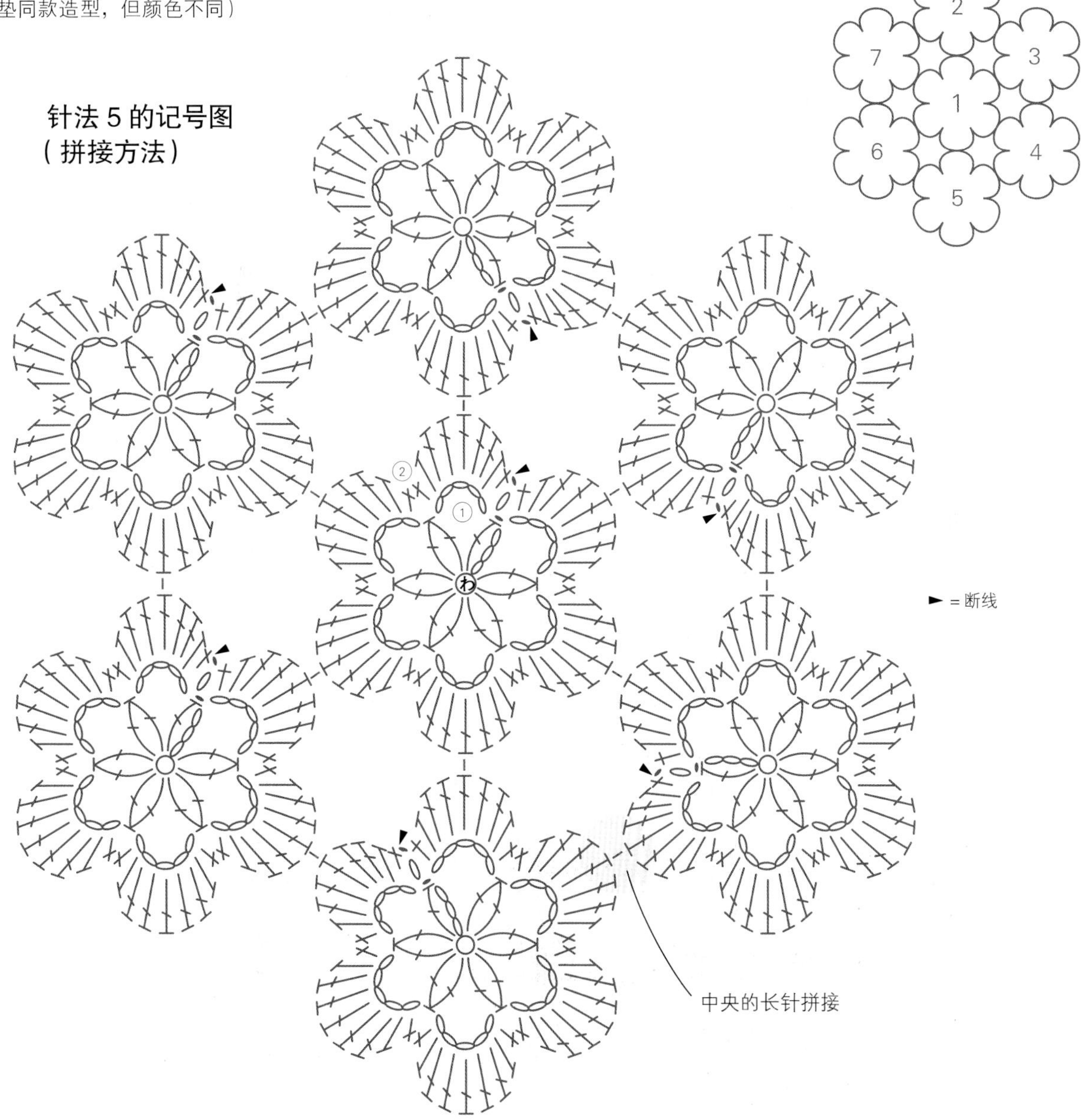

针法5　间隔钩长针拼接

※ 为方便辨别，特意改变编织线的颜色。

Step 1　第2片拼接于第1片

第2片花样的记号图

1. 钩编第1片。第2片先钩编5个花瓣。

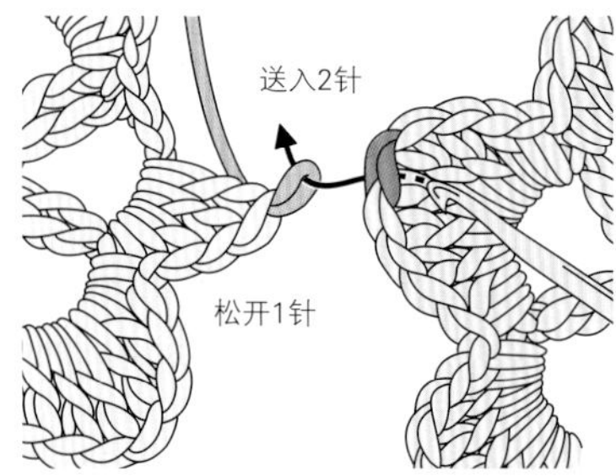

2. 钩编至第6片花瓣的2针长针，暂先松开钩针。按顺序将钩针重新送入第1片花瓣中央长针的头2根、之前钩针松开的针圈，并引出该针圈。

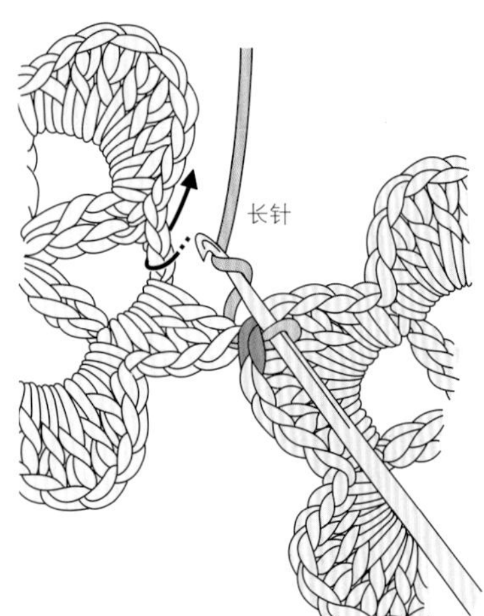

3. 第2片花样处钩编长针。首先，绕线于针，钩针送入上一行的空间，并绕线引出。

4. 绕线于钩针，从2根针圈引出。

5. 再次绕线于针，引出2根针圈。

6. 第1片和第2片拼接完成。

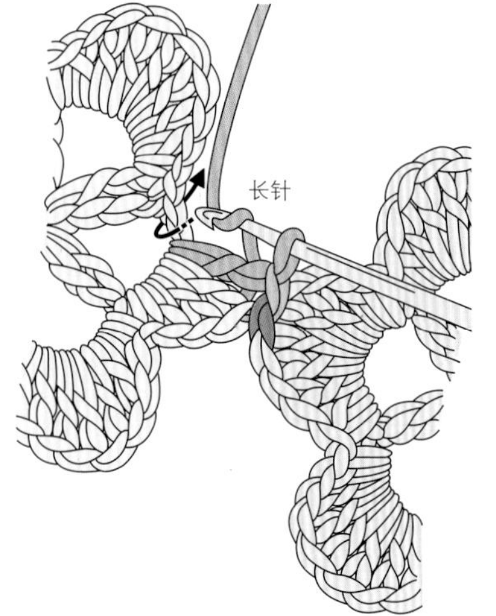

7. 接着，继续钩编第2片花样的长针。

8. 如记号图所示，钩编完成至短针。之后，处理完成线头即可（参照第25页）。

Step 2 第3片拼接于第2片、第1片

第3片花样的记号图

1. 第3片需要拼接于两片花样，所以第3片的花瓣先钩编至第4瓣。

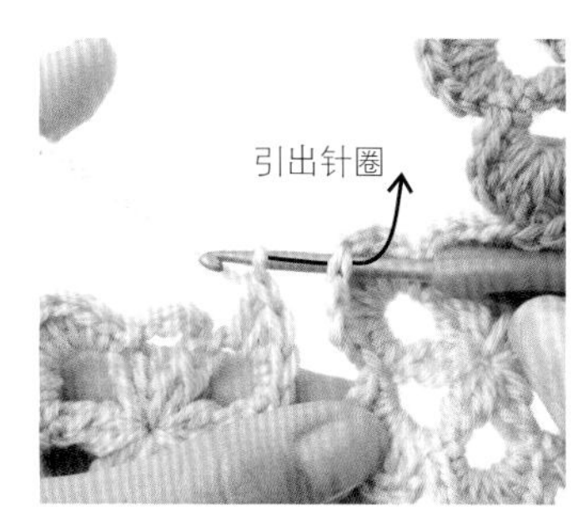

2. 钩编完成2针长针，暂先松开钩针，同step1要领一样拼接于第2片。

3. 继续钩编第5片花瓣，第6片的花瓣钩编完成2针长针，拼接于第1片。钩编至最后，处理完成线头即可。

Step 3 第7片拼接于第6片、第1片、第2片

第7片花样的记号图

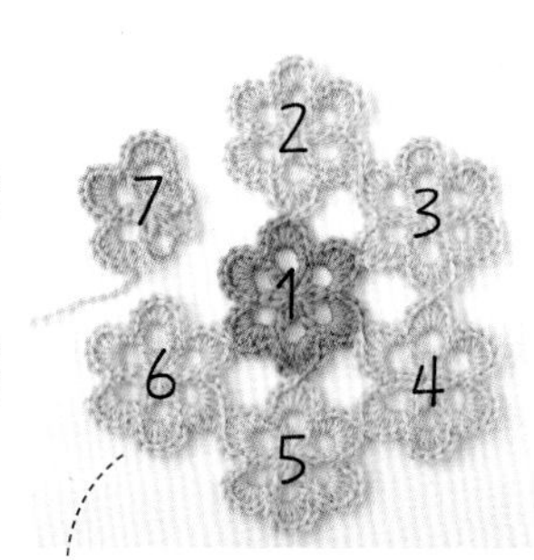

1. 第7片的花瓣先钩编出3个，并按顺序拼接于第6片、第1片、第2片。

第4～6片同step2一样，拼接于之前钩编的花样和中心的花样。

2. 同step2要领一样钩编，同3片花样拼接完成。钩编至最后处理线头（参照第25页），桌垫制作完成。

怎么办？

看不懂花样钩编拼接的顺序怎么办？

一般书中如有介绍拼接顺序，通常不会产生疑问。但是，自己创意钩编时或许会产生一些疑惑。其实，花样的拼接顺序没有特定要求，建议各位手工爱好者通过经验的积累形成自己固有的规范性拼接方式。比如，“圆边拼接时从中心开始依次环绕拼接”或“四边形拼接时重复同一反向拼接”等。此外，相邻花样的颜色如果有所差异，则拼接处会比较显眼，这点请注意。

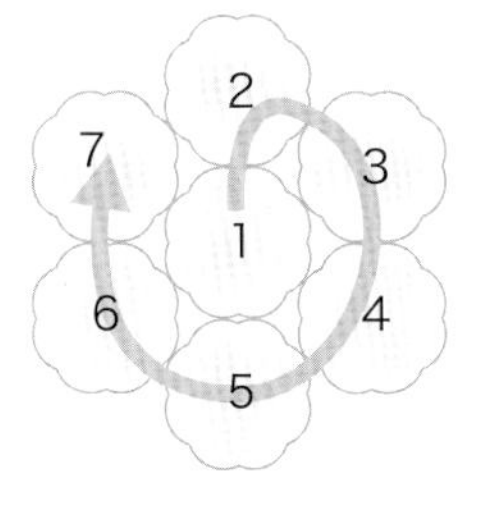

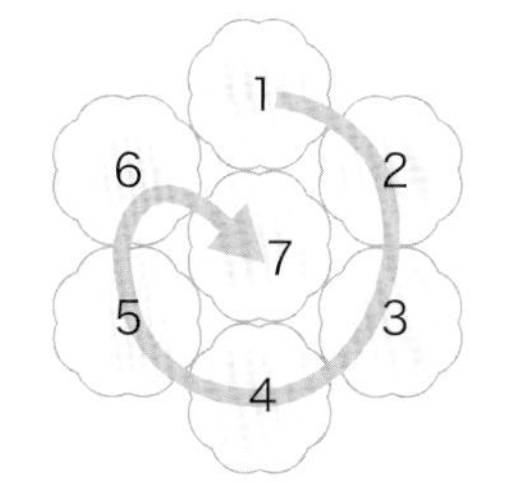

从中心开始环绕拼接是最简单易懂的方法。但是，如果希望突显出中心花样的立体感，可将其最后拼接。

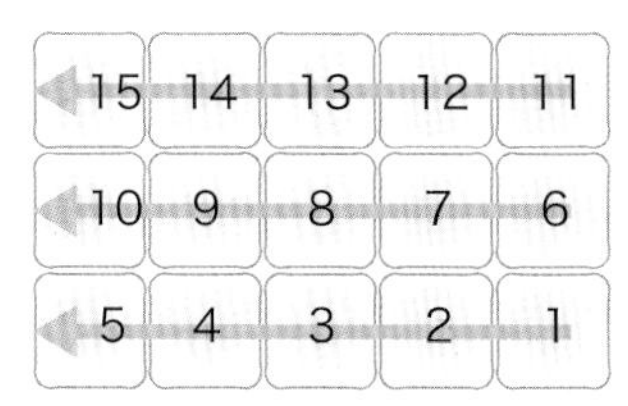

15	14	13	12	11
10	9	8	7	6
5	4	3	2	1

11	12	13	14	15
6	7	8	9	10
1	2	3	4	5

不管从左侧还是从右侧，沿相同方向拼接的效果更加整齐。

第37页的桌垫

针法6　间隔钩长针拼接（多针）

●线　羊毛中粗线（蓝绿色15g）●钩针　5/0号
●花样的尺寸　6cm×5.5cm　●桌垫的尺寸　纵长16.5cm×横长15.5cm

[花样的钩编要点]

起针为“手指绕线成环形的方法”（参照第14页）。第1行的最后为引拔针，钩编完成第2行的立针的1针锁针之后，下一个短针将钩针送入之前引拔针相同的针圈内。第2行的最后在短针的头部引拔，并再次将左侧的锁针引拔入束，形成立起。

[拼接方法要点]

暂先将钩针从拼接位置松开，穿过拼接位置的对称侧花样的针圈，边挑起长针的头部边继续钩编。此外，“长针钩编拼接”没有特定的记号。

钩编拼接顺序

针法6的记号图（拼接方法）

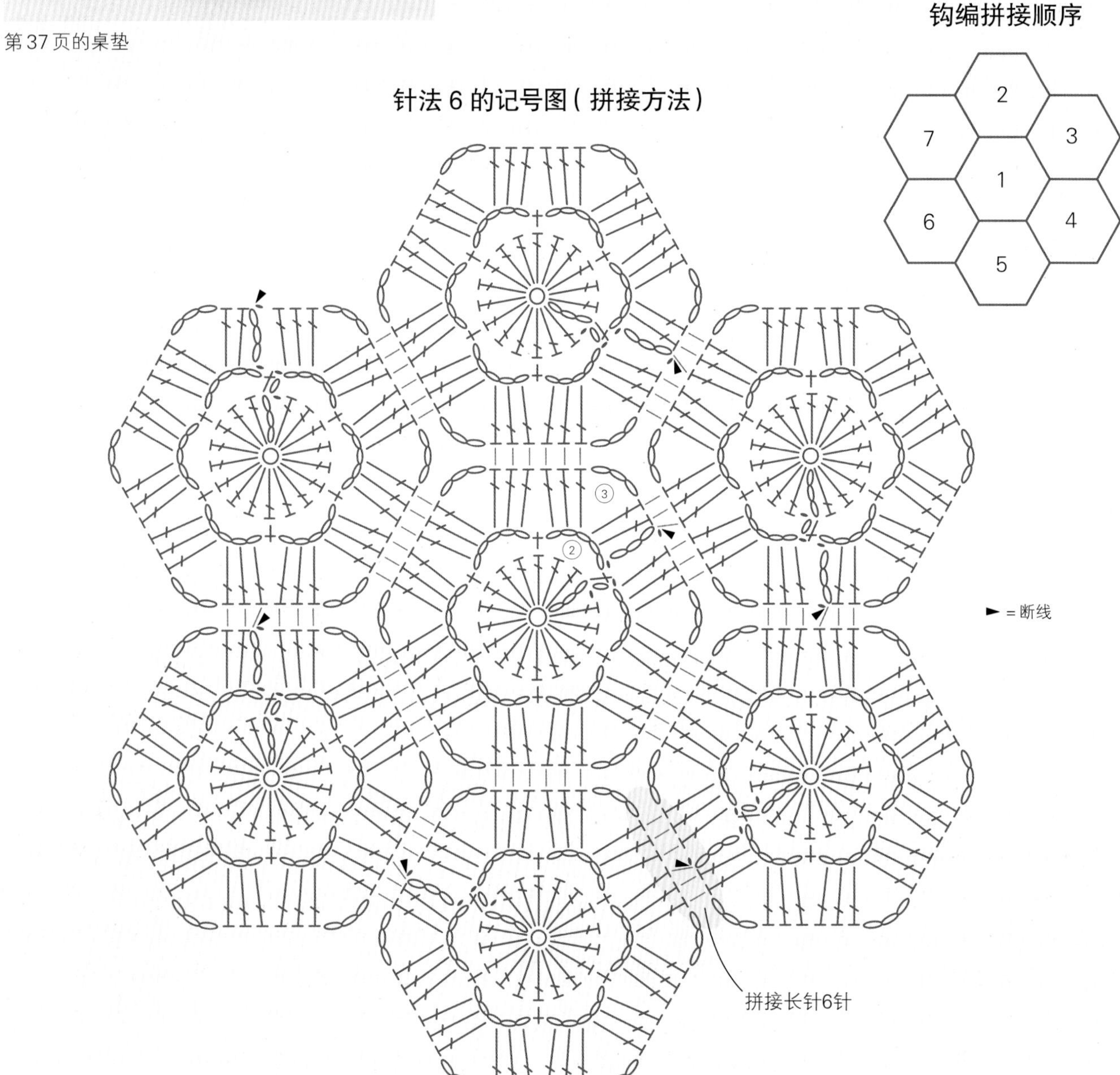

针法6　间隔钩长针拼接（多针）

※ 为方便辨别，特意改变编织线的颜色。

Step 1　第2片拼接于第1片

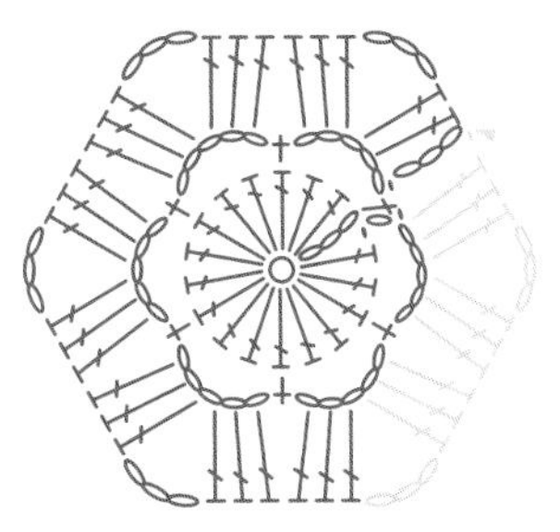

第2片花样的记号图

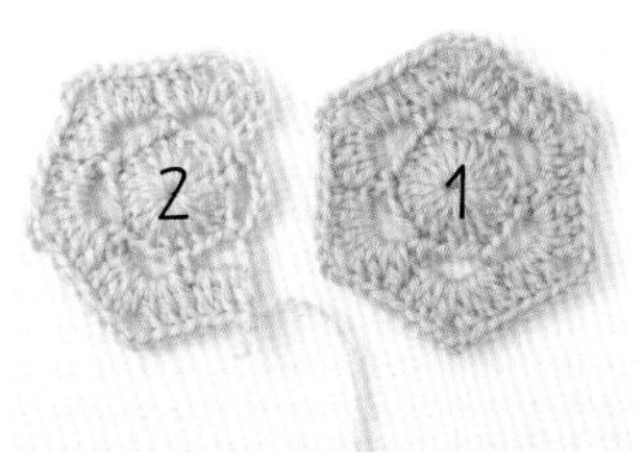

1. 钩编第1片。第2片钩编至第5个边角前。

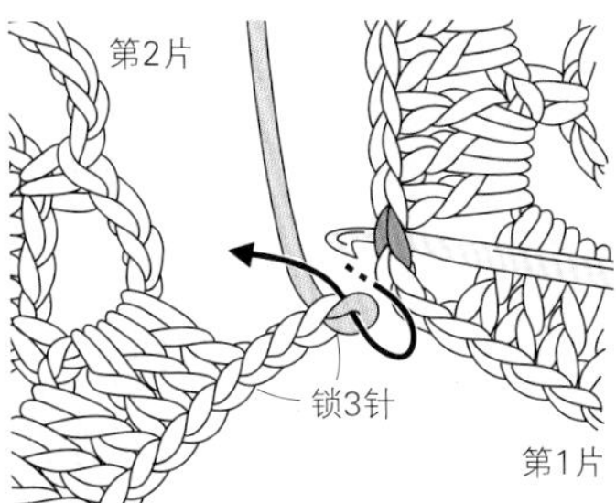

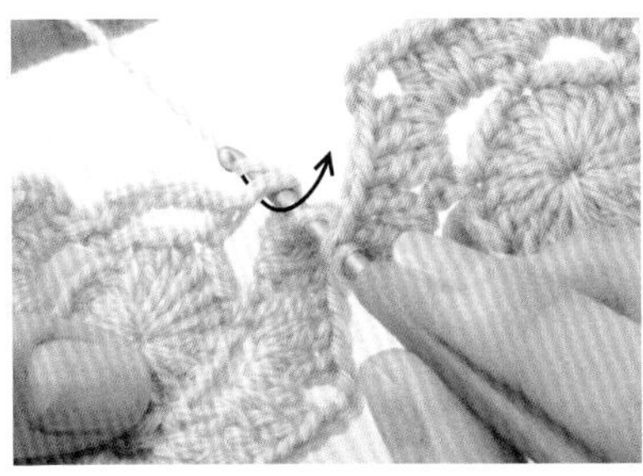

2. 钩编3针锁针后松开钩针，钩针送入第1片需要拼接处的长针的相邻的锁针的头2根线，并由此引出钩编的针圈。

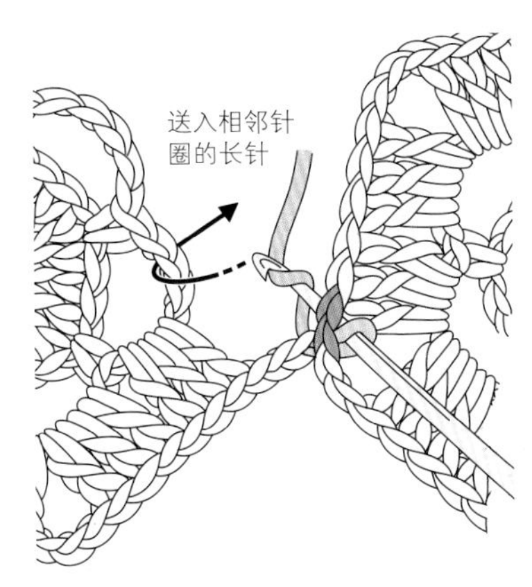

3. 钩针送入第1片长针的头2根，绕线于针，并在第2片的花样的锁针处将钩针送入束内。

4. 绕线引出，再次绕线于钩针，引拔处2根针圈。

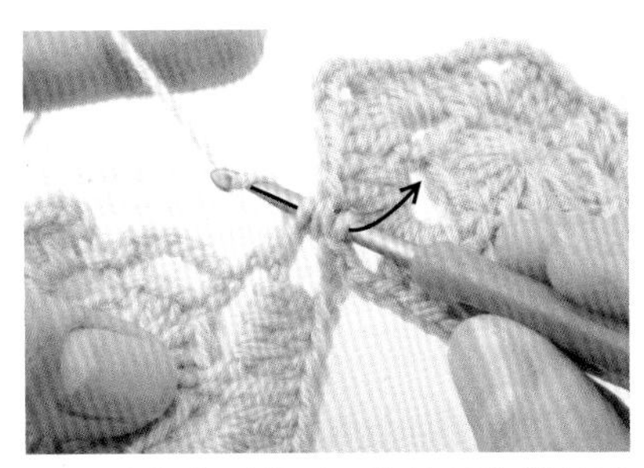

5. 最后绕线引拔时，将绕于钩针的所有针圈一并引拔。

6. 长针钩编完成1针。

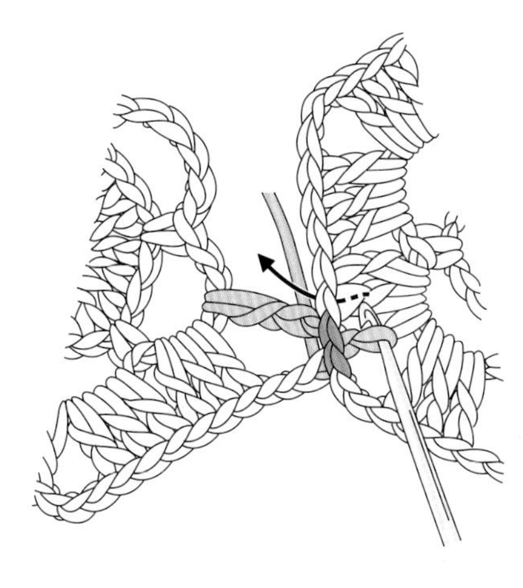

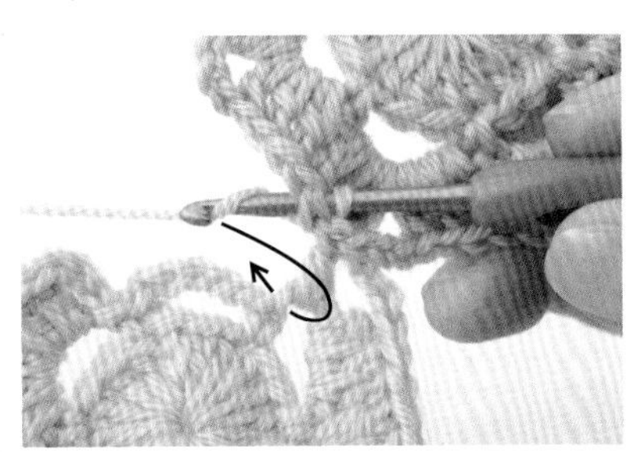

7. 接着，同样先将钩针送入相邻的长针的头2根，并按照步骤3～6相同方式钩编长针。

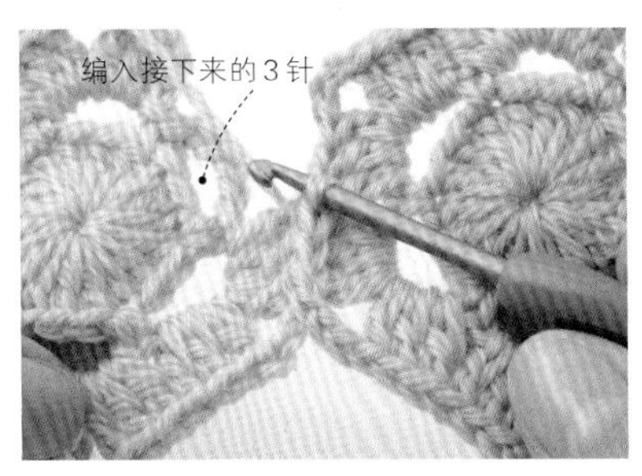

8. 合计3针的长针钩针拼接完成。剩余的3针也同样方式钩编拼接。

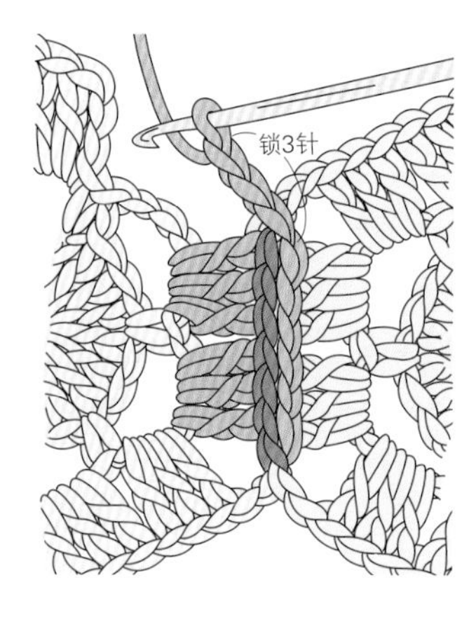

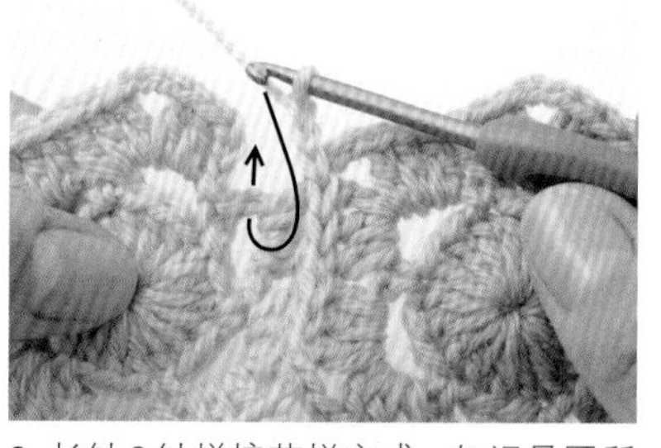

9. 长针6针拼接花样完成。如记号图所示钩编3针锁针，在之前相同位置将钩针送入束内，并钩编最后的长针3针。

10.钩编完成，处理线头（参照第17页）。

Step 2 第3片拼接于第2片、第1片

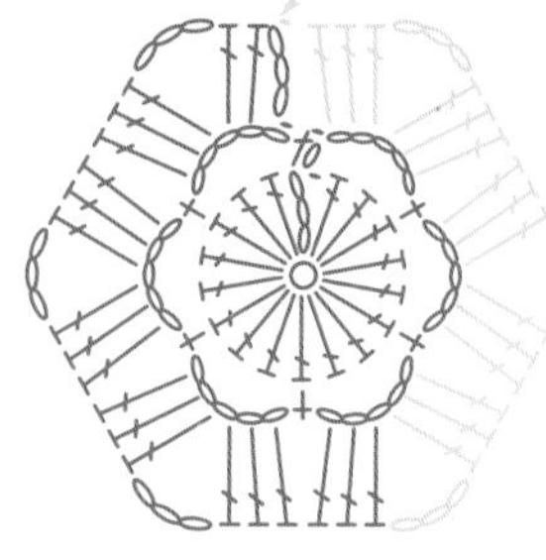

第3片花样的记号图

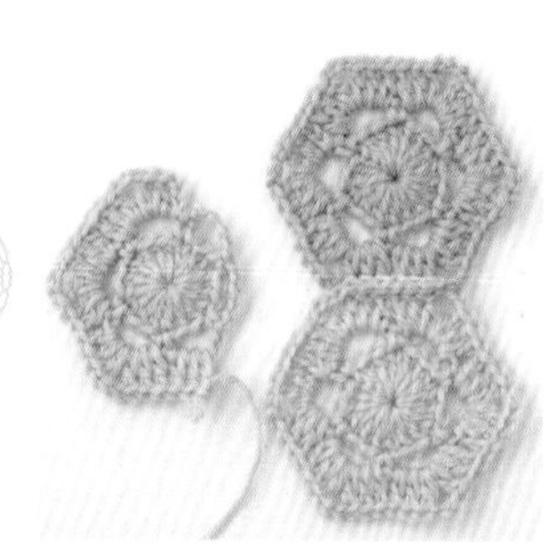

1. 第3片需要拼接于两片花样，所以第3片暂先钩编至第4个边角前。

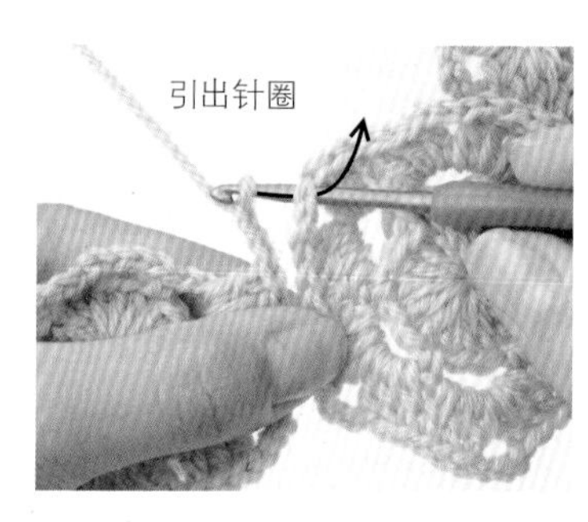

2. 同step1要领一样钩编3针锁针，并先拼接于第2片。

3. 长针6针拼接结束后，钩编3针锁，继续拼接于第1片。

4. 拼接完成。

5. 钩编完成3针锁针、3针长针后，处理线头即可。

Step 3 第7片拼接于第6片、第1片、第2片

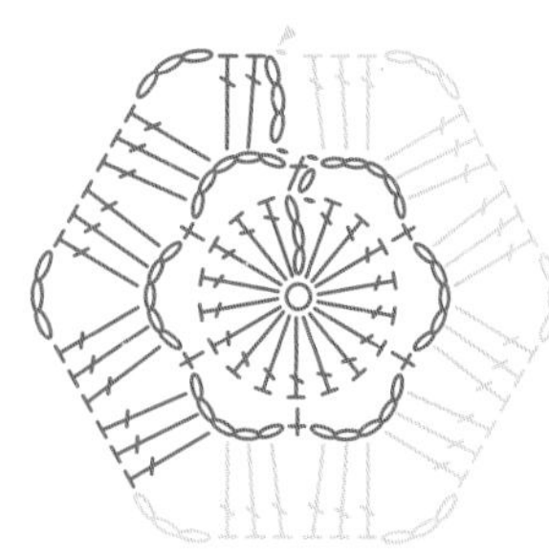

第7片花样的记号图

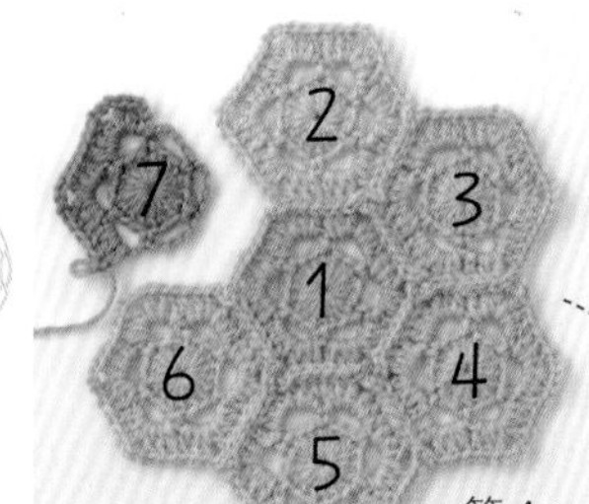

1. 第7片需要拼接于三片花样，所以第3片暂先钩编至第3个边角前。

第4～6片同step2一样，拼接于之前钩编的花样和中心的花样。

2. 同step2要领一样，按顺序拼接于第6片、第1片、第2片。最后，钩编完成后处理线头，桌垫制作完成。

第38页的桌垫

针法7 短针拼接

针法8 引拔针拼接

●线　羊毛中粗线（淡粉色・褐色・米色各5g）●钩针　5/0号

●花样的尺寸　5cm×5cm　●桌垫的尺寸　纵长10cm×横长10cm

[花样的钩编要点]

起针为“手指绕线成环形的方法”（参照第14页）。第1行的最后引拔于短针的头部。第2行钩编长针，在第1行的1针短针处各钩编2针长针。第3行开始换颜色。

[拼接方法要点]

用钩针拼接钩编完成的花样的方法，适合针圈已填充的花样。拼接方法逐次按统一方向，此处首先沿着横向，再沿着纵向推进。此外，并没有表示拼接的记号图。

钩编拼接顺序

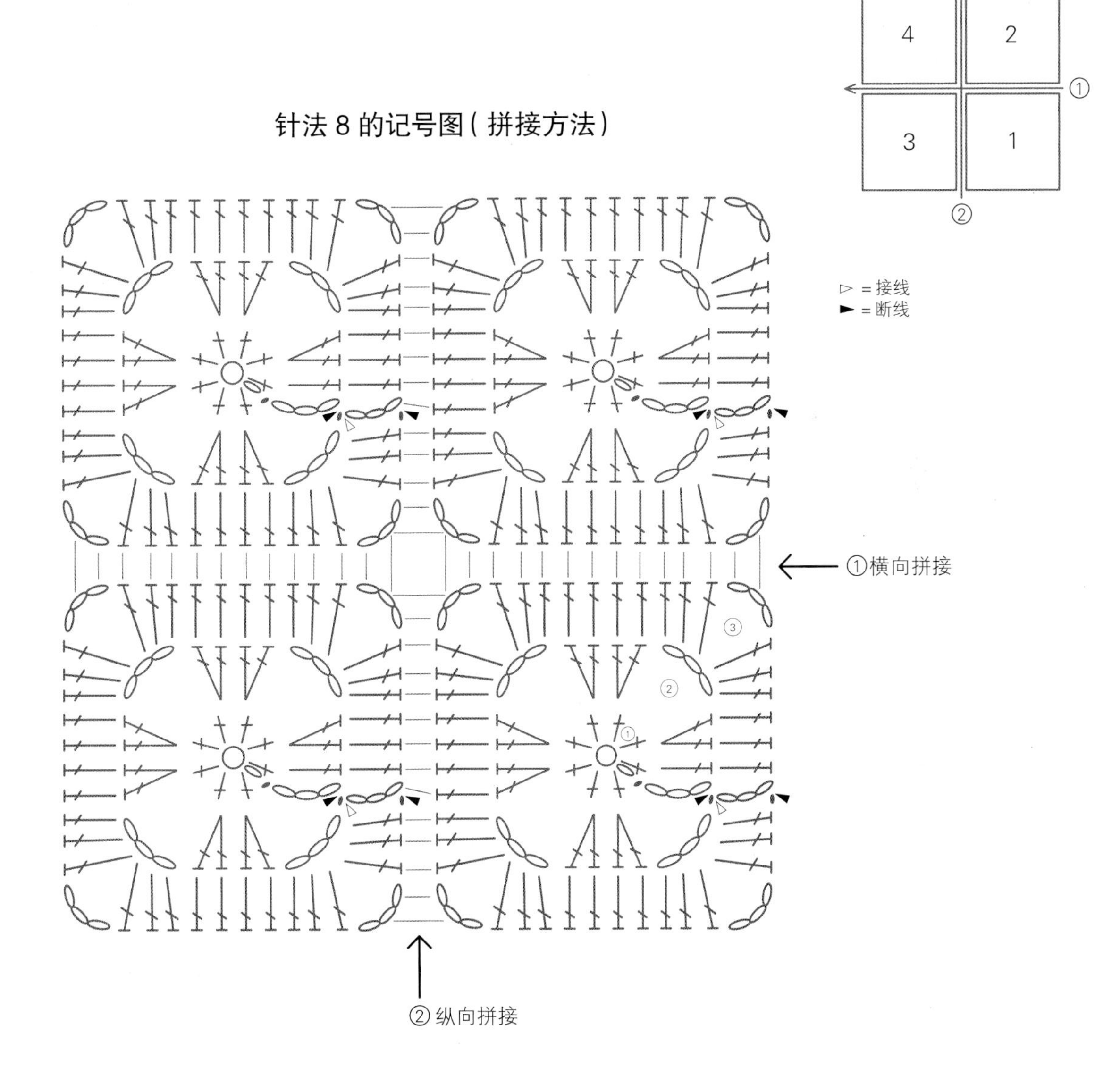

针法8的记号图（拼接方法）

针法7　短针拼接（反面对合钩编半针）

※ 为方便辨别，特意改变编织线的颜色。

Step 1　拼接第1及2片（横向）

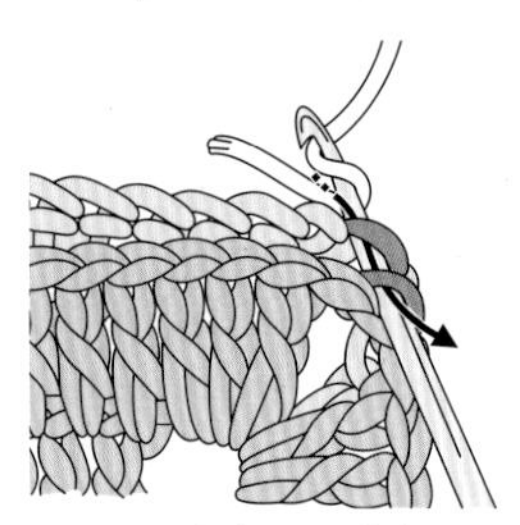

1. 正面对合两片花样，钩针送入边角中央锁针的外侧各半针，绕线引出。

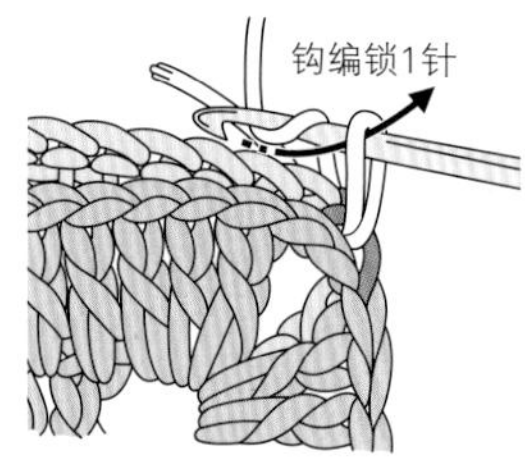

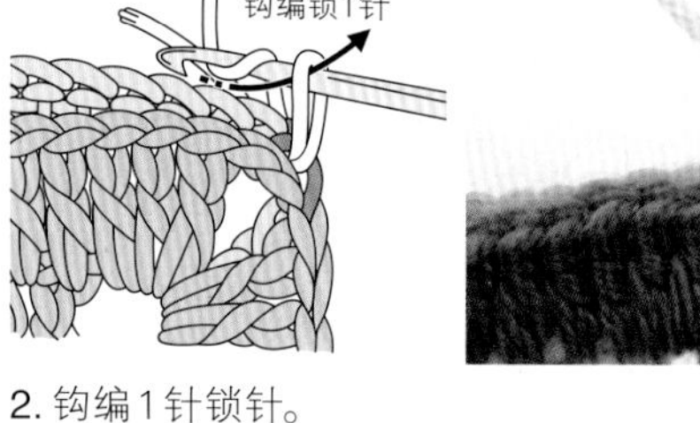

2. 钩编1针锁针。

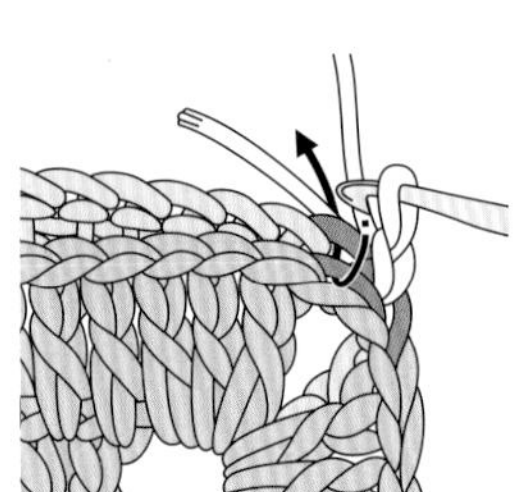
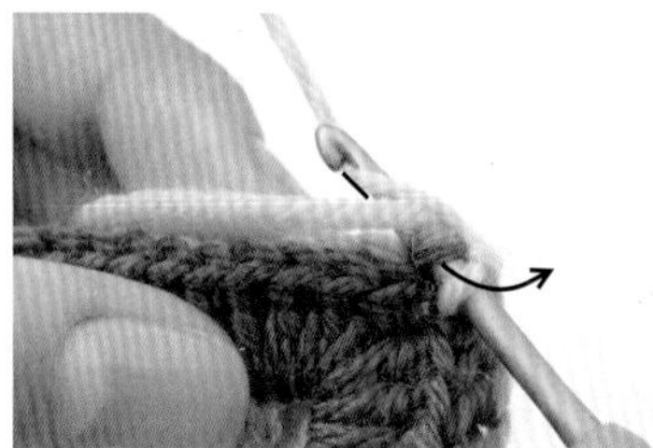

3. 下一个锁针同样将钩针送入外侧各半针。绕线，如图片中箭头所示引出。最后，钩编包裹住线头。

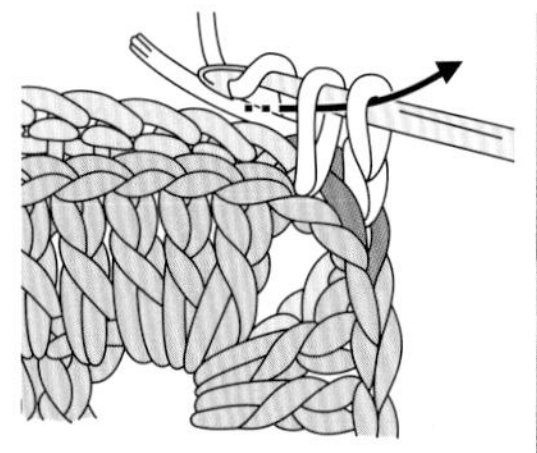

4. 再次绕线于钩针，引拔处2个针圈。

5. 钩编包裹住线头的短针完成。

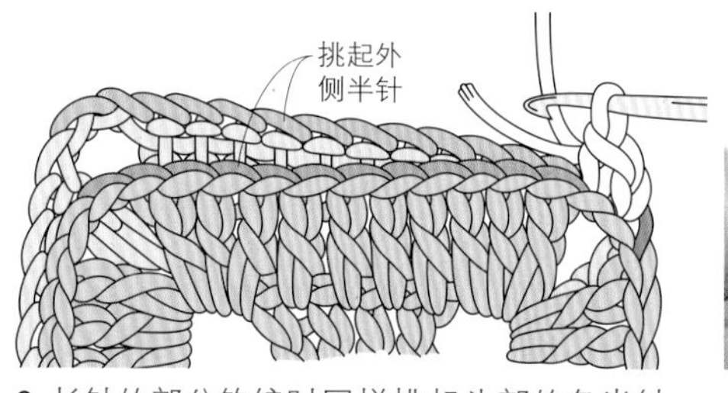

6. 长针的部分钩编时同样挑起头部的各半针。图片为钩编至下一个边角中央的锁针的状态。

7. 两片花样的展开状态。拼接的短针的两侧，花样端部的针圈的半针整齐排列。

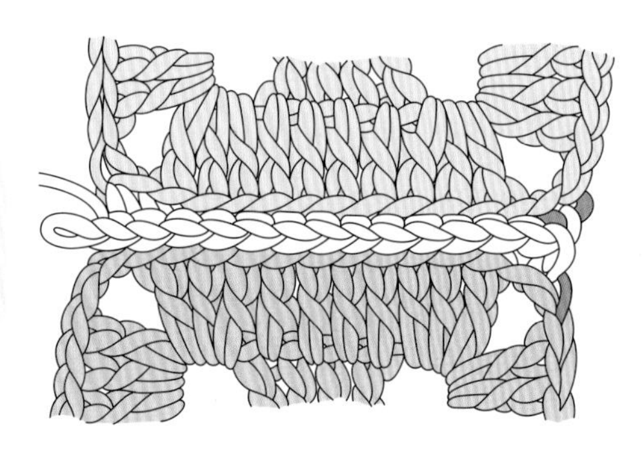

Step 2 拼接第3及4片（横向）

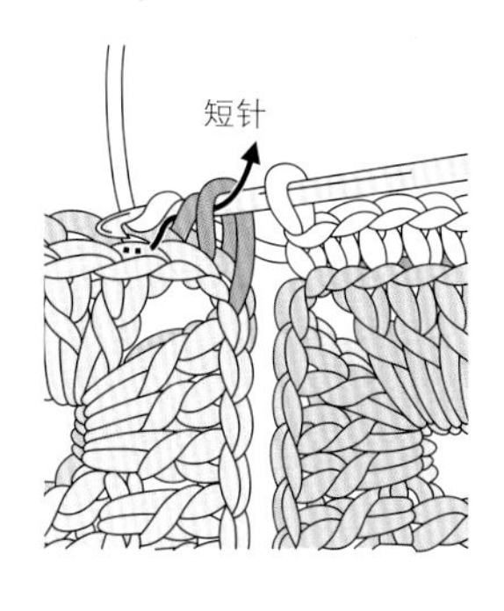

1. 反面对合第3片和第4片，同第1及2片一样，将钩针送入边角中央锁针的各半针，绕线引出。

2. 再次绕线于钩针后引拔，并钩编短针。

3. 短针钩编完成。之后，同step1一样，钩编短针至下一个边角的中央的锁针。

Step 3 纵向拼接

1. 拼接开始处同 step1 一样。参照第 step1，钩编至横向拼接边的近前。

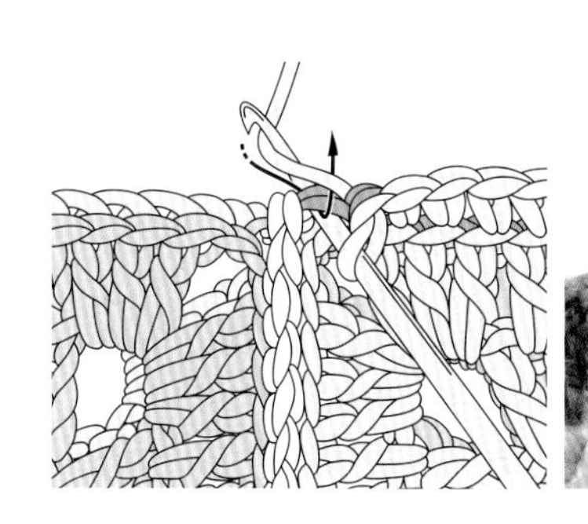

2. 边角的锁针，将钩针送入横向拼接针圈穿过的相同位置，并钩编短针。

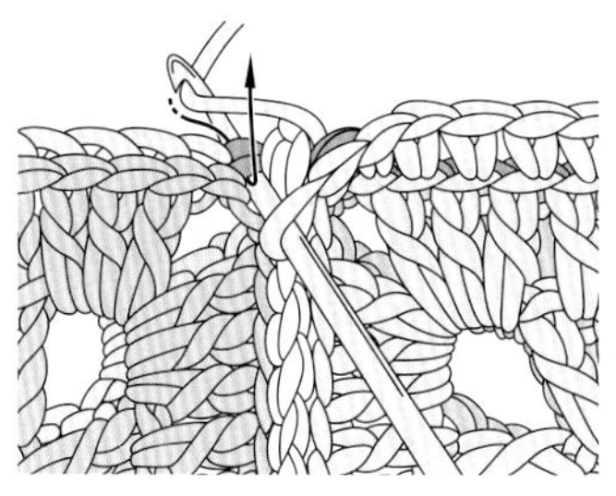

3. 接下来的两片的拼接开始处，也将钩针送入横向拼接针圈穿过的相同位置，并钩编短针。

4. 之后，同之前相同方式钩编至最后。

POINT

线头处理

拼接结束后引拔线头，并将其穿过毛线针，再从反面将线头潜入隐藏。拼接开始处需要钩编包裹，所以不需要处理线头。

即使拼接花样的数量增加，拼接方法依然不变。

无论花样的数量如何改变，沿着同一方向拼接即可。部分作品并不是四边形，沿着哪个方向怎样拼接并没有明确规定，但制作前尽可能考虑沿着同一方向拼接对齐。

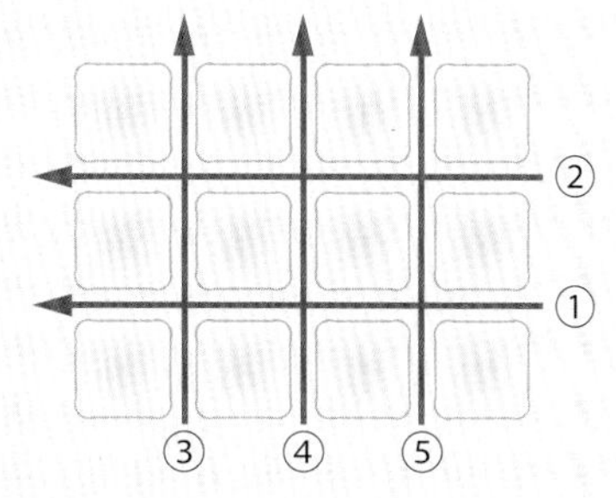

针法8　引拔针拼接（正面对合钩编半针）

※ 为方便辨别，特意改变编织线的颜色。

引拔针拼接完成。效果比短针处理更加轻薄。因其正面对合钩编，所以表面基本上看不见拼接线，且半针排列整齐。

Step 1　横向拼接

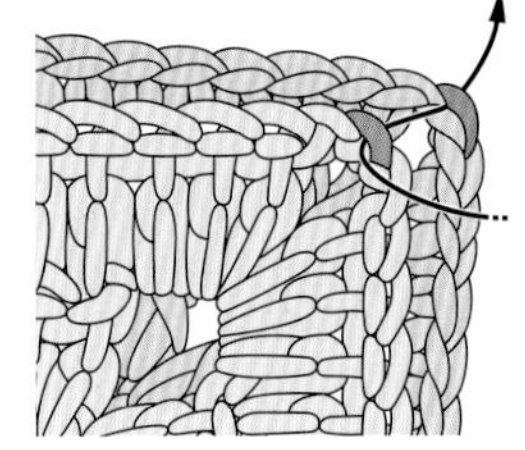

1. 正面对合两片花样，钩针送入边角中央的锁针的外侧各半针。

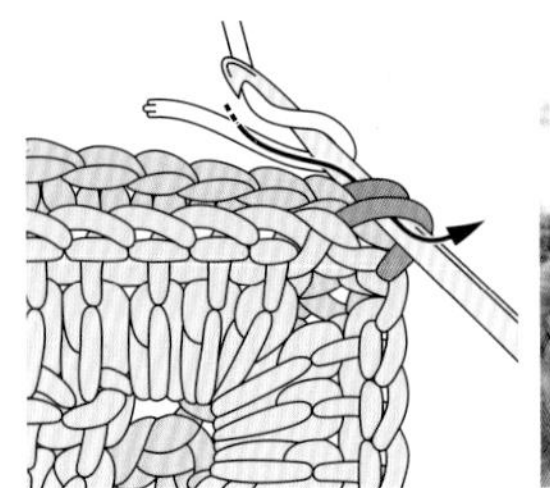

2. 绕线于钩针引出。

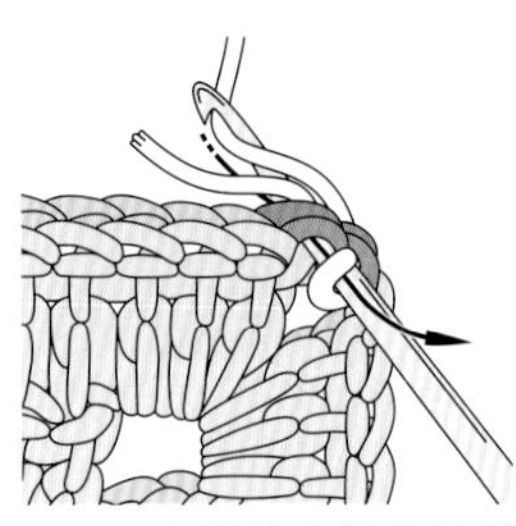

3. 下一个锁针也将钩针送入各半针，线头绕于钩针上，并将绕于钩针的所有针圈一并引拔。

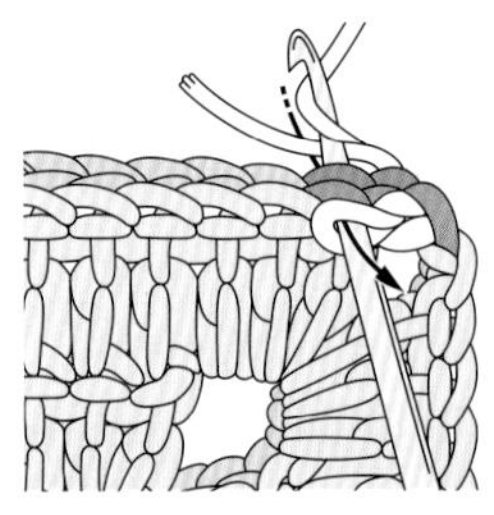

4. 下一个长针的头部也将钩针送入各半针，这里线头从钩针下方绕线引拔。之后，线头在钩针上下交错，同时继续钩编引拔针。

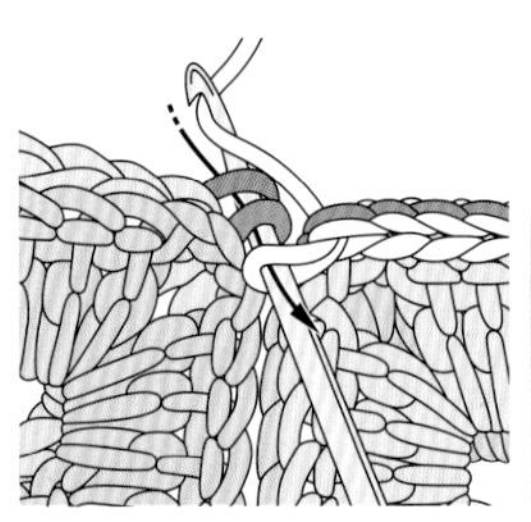
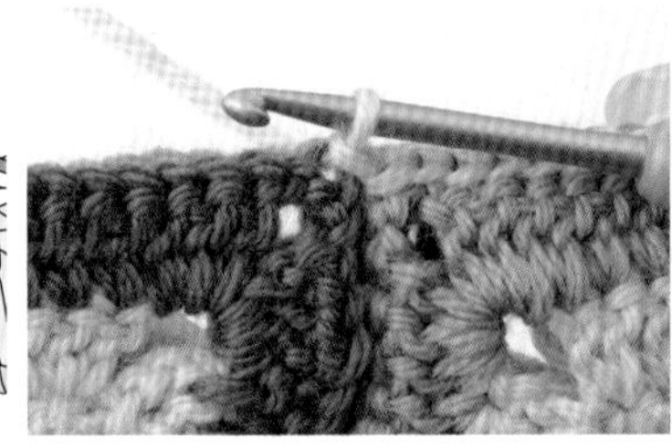

5. 第3片和第4片也正面对合，并将钩针送入边角中央的锁针的各半针，再引拔。继续钩编引拔针至下一个边角。

Step 2　纵向拼接

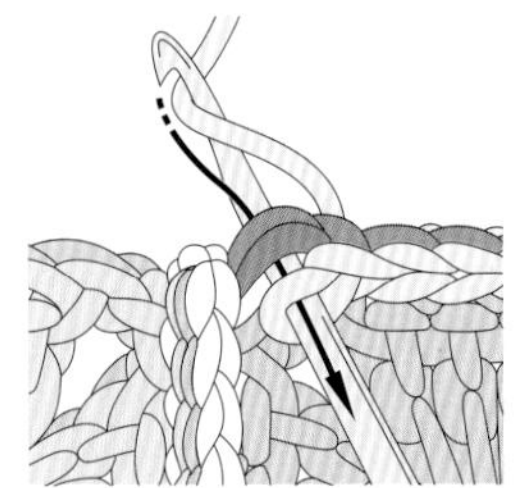

2. 同step1一样的要领开始拼接，钩编至下一个边角后，将钩针送入横向拼接针圈穿过的相同位置，钩编引拔针。图片为钩针穿过状态。（第1步略，同Step1的1）

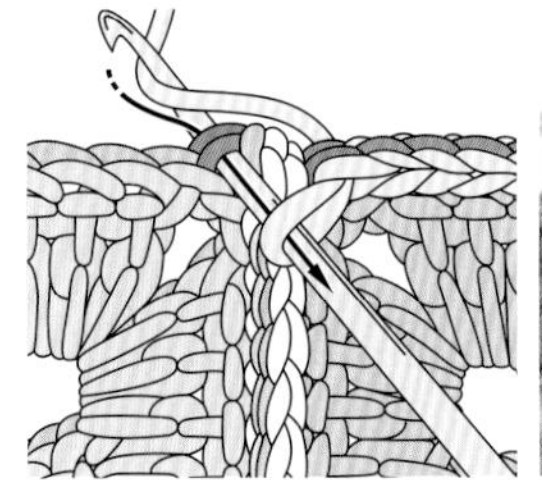

3. 下一个两片的拼接开始处，也将钩针送入横向拼接针圈穿过的相同位置，并钩编引拔针。之后，用引拔针拼接至最后。

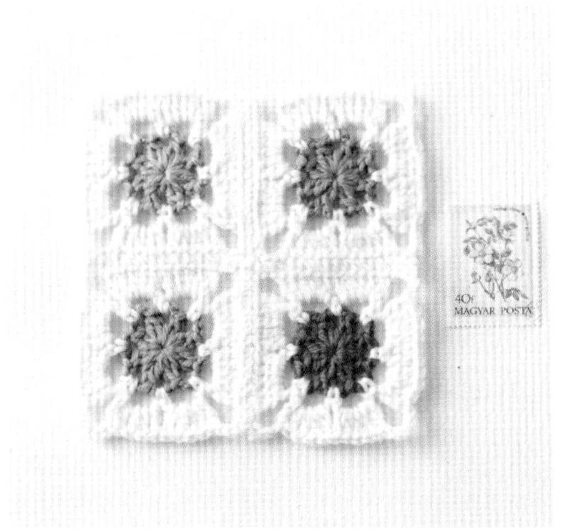

第39页的桌垫

针法9　半针卷针拼接
针法10　全针卷针拼接

●线　羊毛中粗线（白色10g，蓝色・橘黄・黄色・绿色 各适量）●钩针 5/0号
●花样的尺寸　6cm×6cm　●桌垫的尺寸　纵长12cm×横长12cm

[花样的钩编要点]
起针为“手指绕线成环形的方法”（参照第14页）。第1行的最后的中长针钩编时将钩针送入下一个长针的头部，而不是送入立针的锁针。第2行的换色时机为第1行的最后的中长针的最后引拔处（参照第31页）。

[拼接方法要点]
用钩针卷针拼接钩编完成的花样。同针法7及8一样，沿同一方向拼接。此外，并没有表示拼接的记号图。

拼接顺序

针法9・10的记号图（拼接方法）

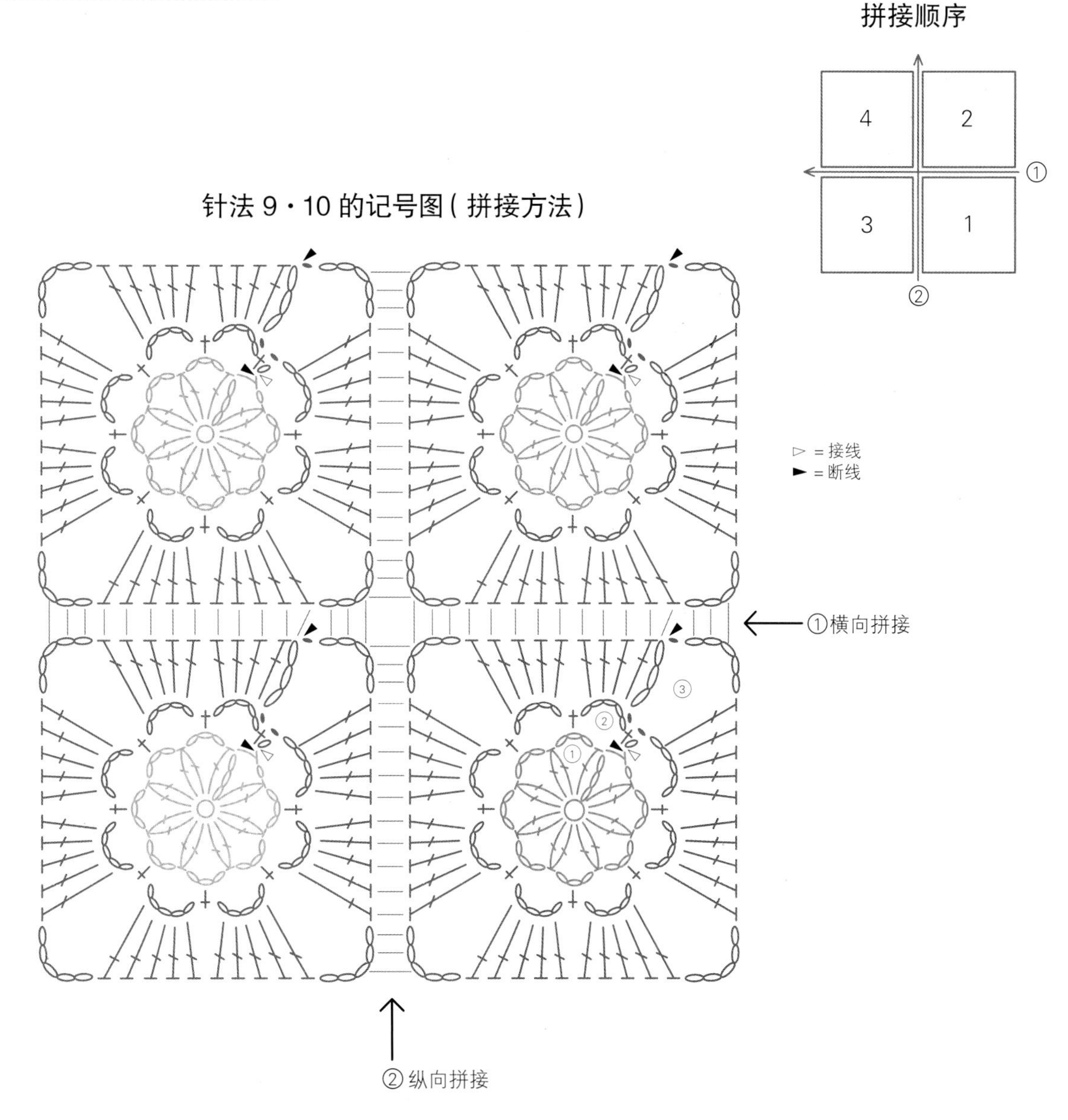

针法9 半针卷针拼接

※ 为方便辨别，特意改变编织线的颜色。

Step 1 拼接第1片、第2片（横向）

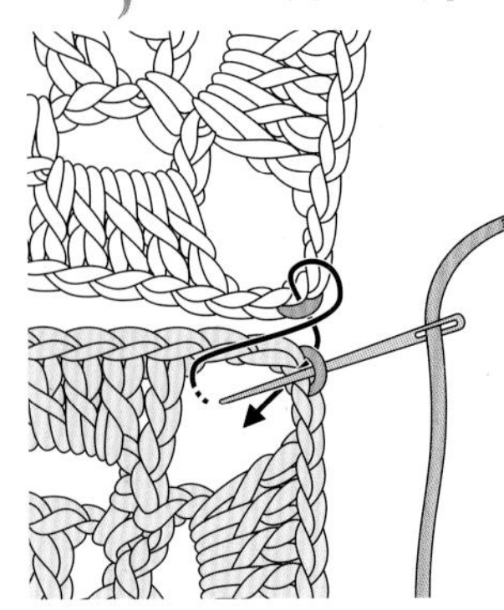

1. 正面朝上对齐两片花样，并用左手拿起。首先，将钩针送入下方花样边角中央的锁针的外侧半针。

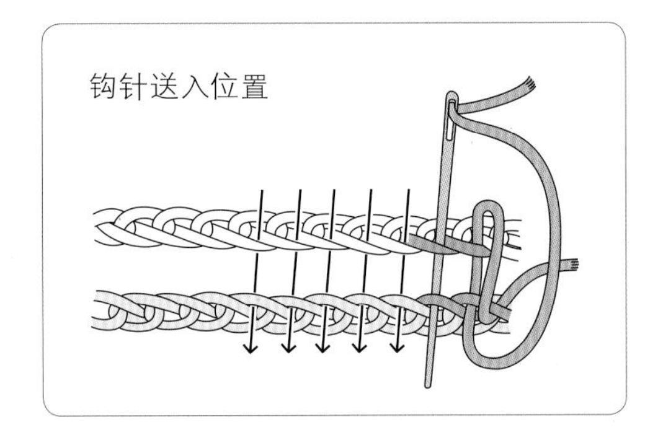

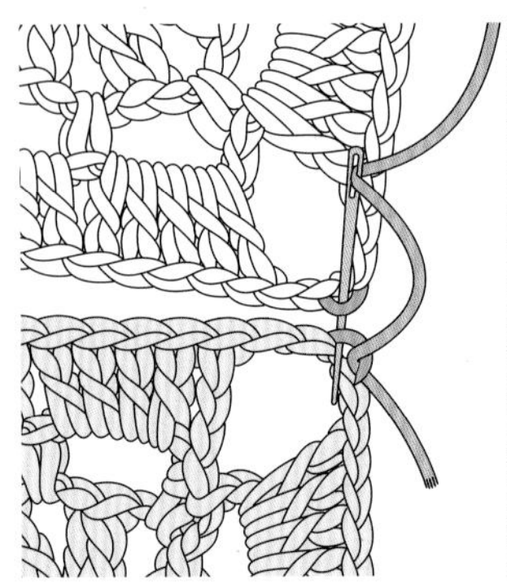

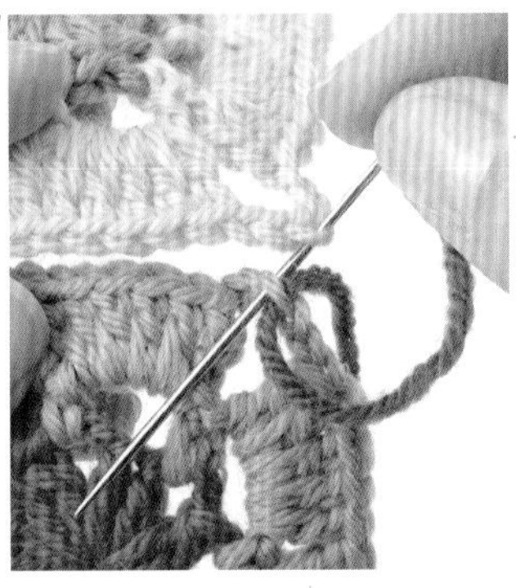

2. 上下的花样均将钩针送入边角中央的锁针的外侧半针（下方的花样在同一位置两次穿线）。

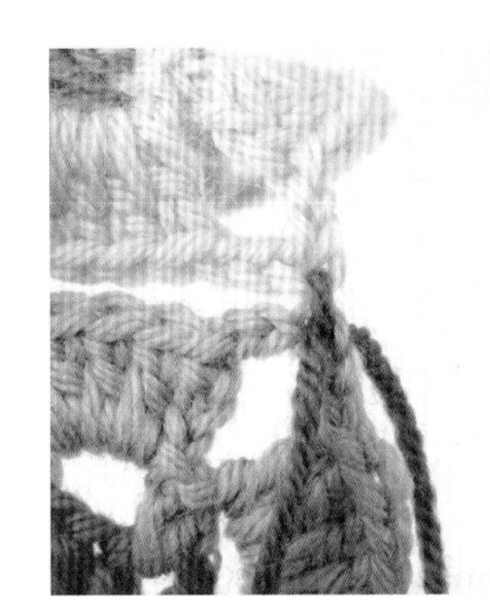

3. 以此引线。

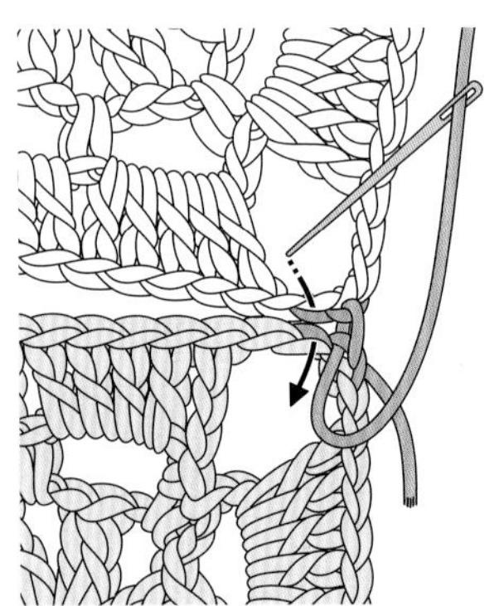

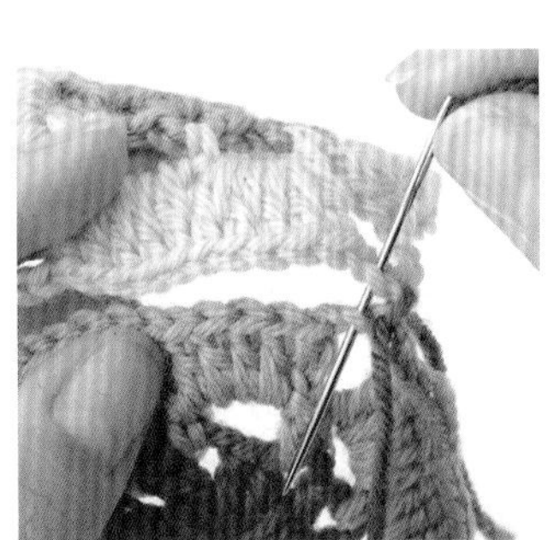

4. 下一个锁针也相同，从上至下将钩针送入外侧半针。

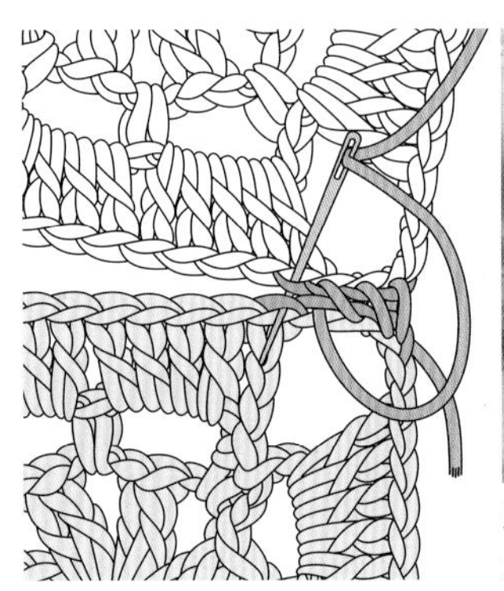

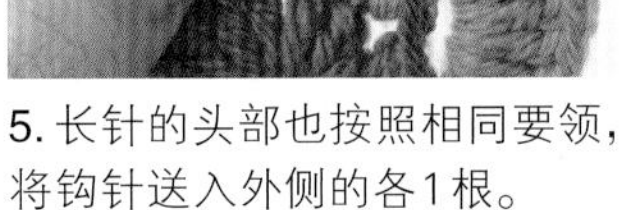

5. 长针的头部也按照相同要领，将钩针送入外侧的各1根。

6. 卷针钩编至下一个边角的中央。

注意引线时的力度控制

卷针时力度控制不好会影响成形美观。注意刚开始就缓缓控制力度引线。习惯后，每次拼接处都会非常整齐美观。

引线时力度不均匀的例子，花样的端部产生扭曲。

Step 2 拼接第3片、第4片（横向）

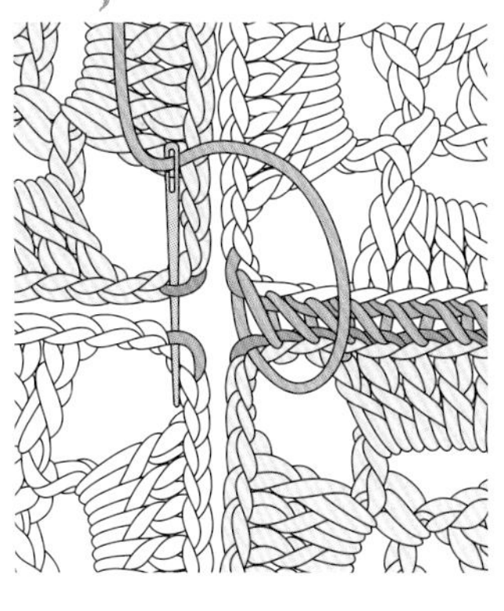

1. 第3片及第4片也正面朝上对齐，如插图所示将钩针送入边角中央的锁针的外侧半针，并引线。

2. 之后同 step1 一样，继续卷针至下一个边角中央。

Step 3 纵向拼接

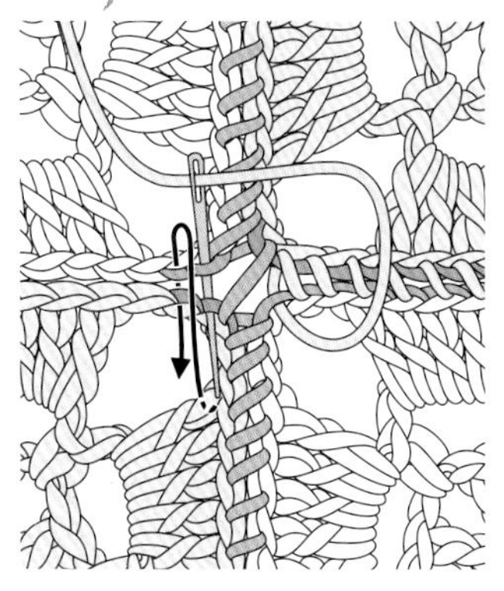

1. 拼接开始处同 step1 要领一样。钩编至中央，钩针送入通过横向位置的线，并引线。

2. 接下来的两片的拼接开始处，也将钩针送入横向拼接线穿过的相同位置。

3. 交叉中央拼接的线。

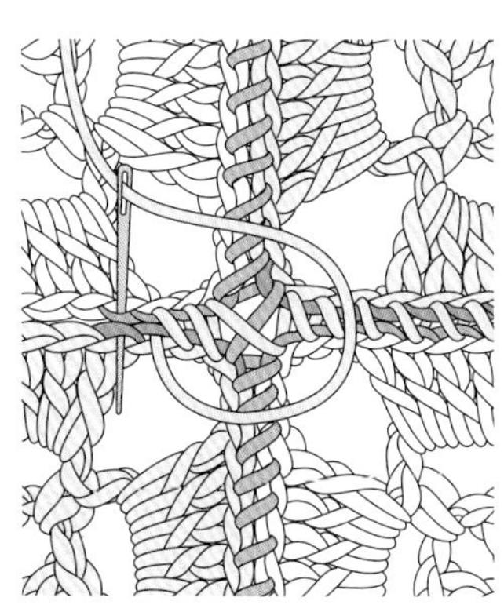

4. 之后，按照相同操作卷针缝至最后。

线头处理

拼接结束后，线头处理时从背面出线，且不能露出正面。拼接开始处的线头也同样，从背面潜入正面看不到的位置，这就是线头处理。

怎么办？

缝线中途用尽怎么办？

卷针缝的线如果太长，缝合时会很吃力，线体也会受到损伤，一般 50 ~ 60cm 的长度较为合适。许多花样拼接一起时，在中途补线继续。

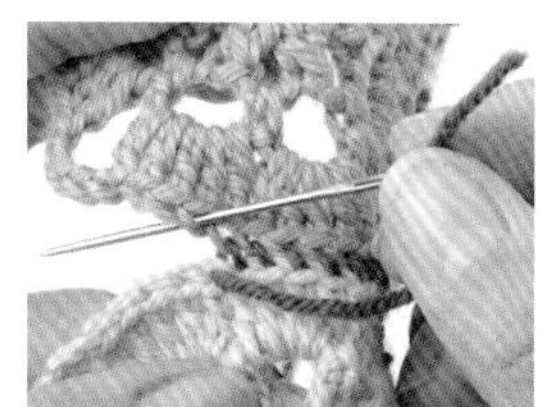

1. 留下可进行线头处理的长度（10cm 左右），从花样的背面出线。

2. 新线也留下可进行线头处理的长度，重合拼接于步骤1最后的卷针的1针。

针法10 全针卷针拼接

※ 为方便辨别，特意改变编织线的颜色。

卷针拼接全针（编针的头2根）。拼接牢固，比拼接半针的质地厚。

Step 1 横向拼接

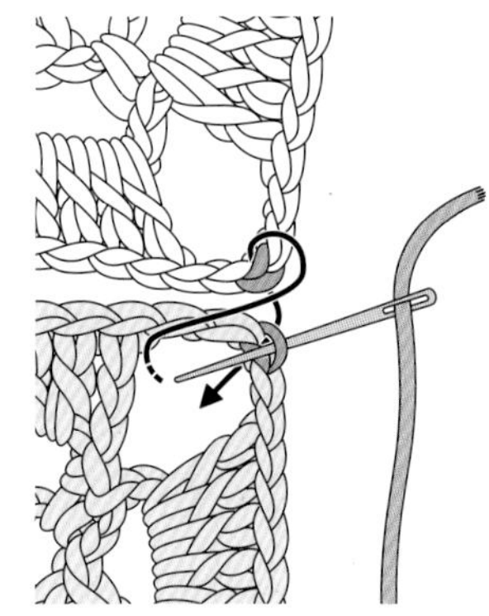

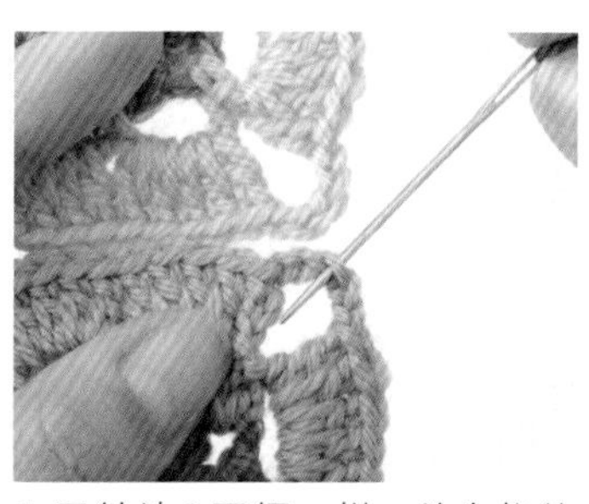

1. 同针法9要领一样，首先将钩针送入下侧花样边角的中央锁针的外侧半针。

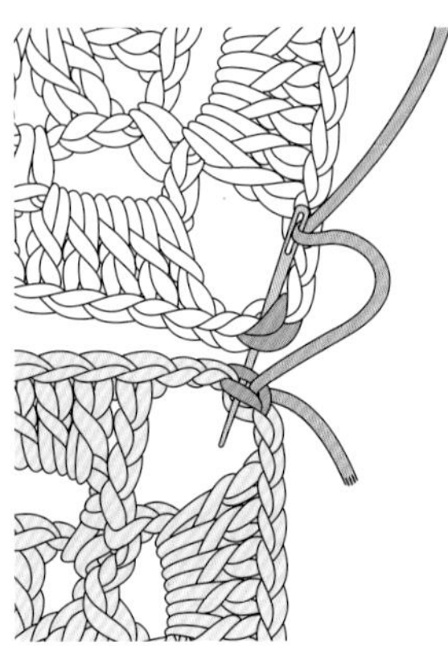

2. 上下花样一起，将钩针送入边角的中央的锁针2根，并引线。留下的锁针及长针同样2根一起穿过毛线针，卷针拼接。

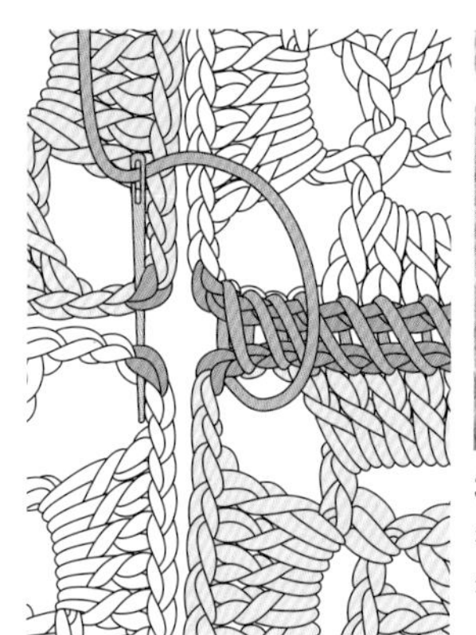

3. 拼接至下一个边角的中央的锁针后，第3片及第4片同样从中央锁针开始卷针，并拼接至最后。

Step 2 纵向拼接

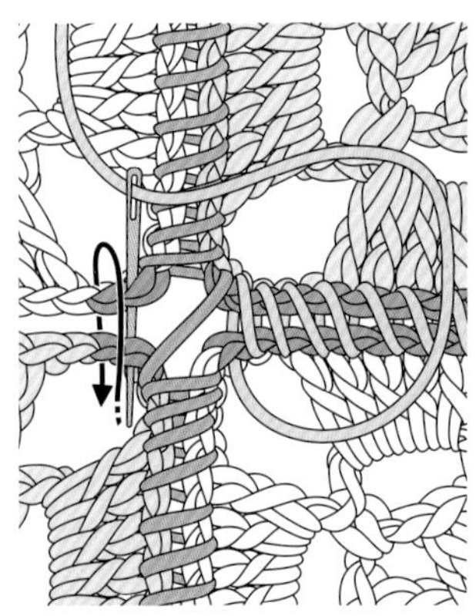

1. 拼接开始处同step1一样的要领。钩编至下一个边角后，钩针送入横向拼接线穿过的相同位置，并引线。

2. 接下来的两片开始拼接时也将钩针送入横向拼接线穿过的相同位置。之后，按相同要领卷针缝至最后。

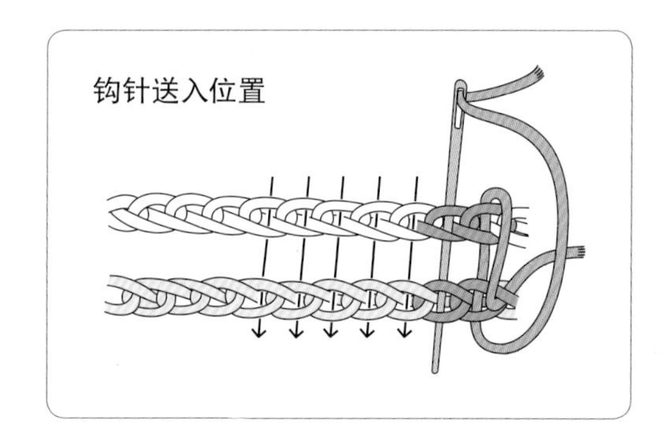

第40页的桌垫

针法11 填充钩编结束后空间的方法

●线 羊毛中粗线（蓝色・浅蓝色各5g，白色适量）●钩针 5/0号
●花样的尺寸 直径6cm ●桌垫的尺寸 纵长12cm× 横长12cm

[花样的钩编要点]
同第34页使用的花样一致。

[拼接方法要点]
用圆形的花样拼接布置成方形的桌垫，中央形成空间。中央的空间部分使用所制造及短针进行填充。首先，按照针法4的短针钩编拼接方法拼接4片花样（参照第44页），并钩编填充中央的空间。

钩编拼接顺序

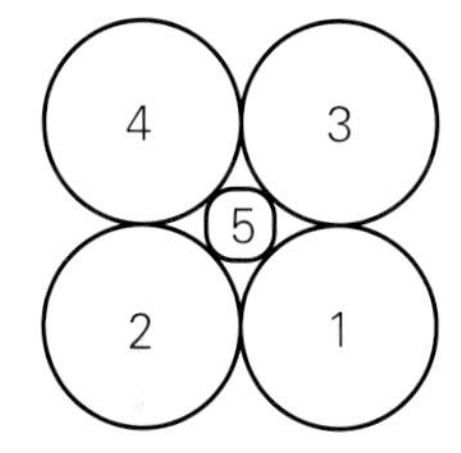

针法11的记号图（拼接方法）

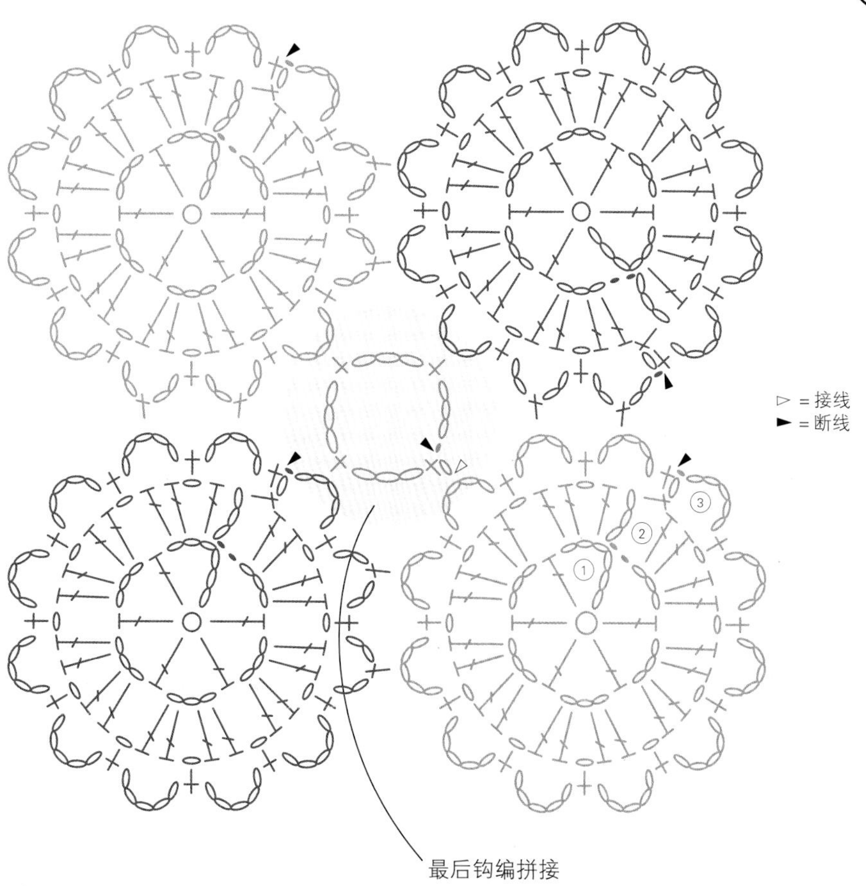

针法11 填充钩编结束后空间的方法

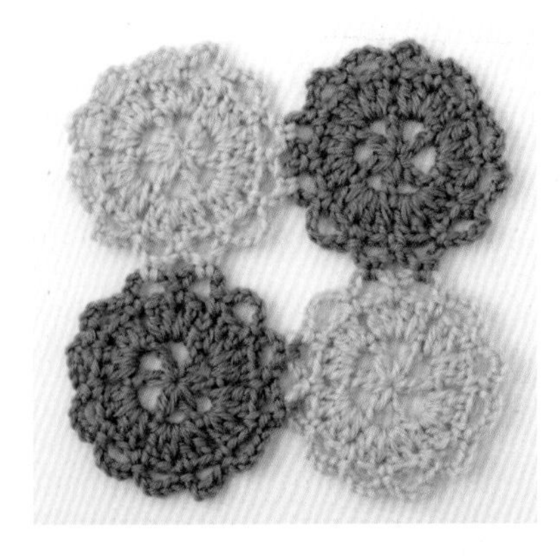

Step 1 短针钩编拼接4片花样

如第63页的记号图所示，使用针法2（参照第44页）短针钩编拼接4片花样。

Step 2 填充中央的空间

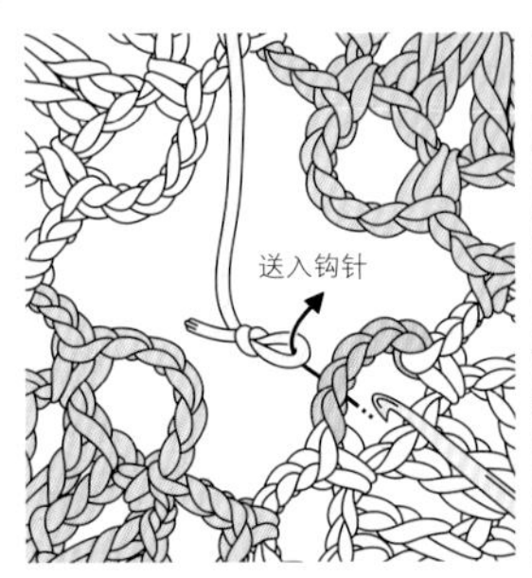

1. 制作锁针的起针（参照第11页），暂先松开钩针，并按顺序将钩针重新送入花样的最终行的瓣、之前的起针，以此引出。

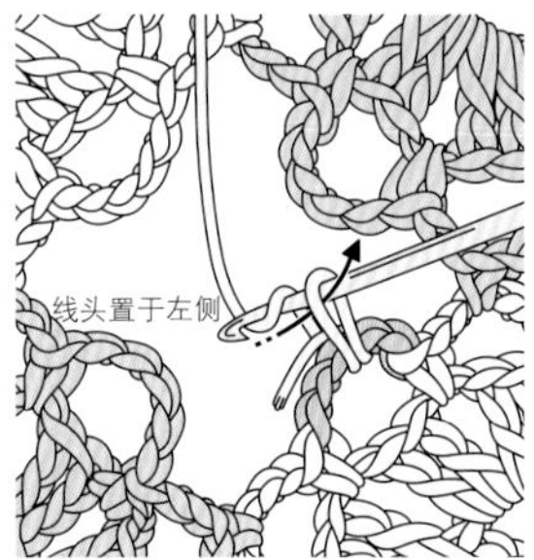

2. 线头置于左侧，钩编1针立针的锁针。

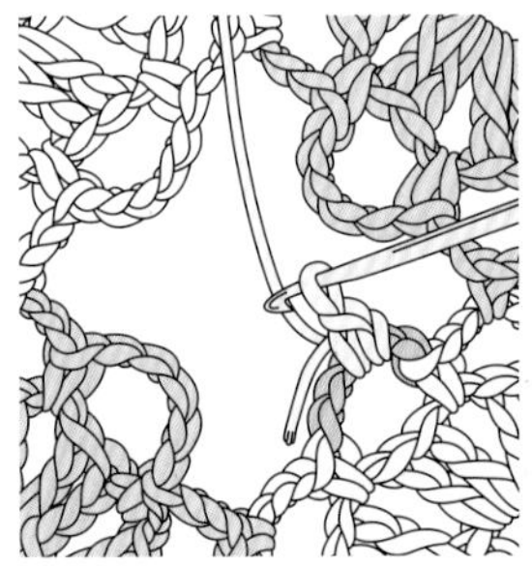

3. 钩针送入相同位置钩编短针，并继续钩编3针锁针。

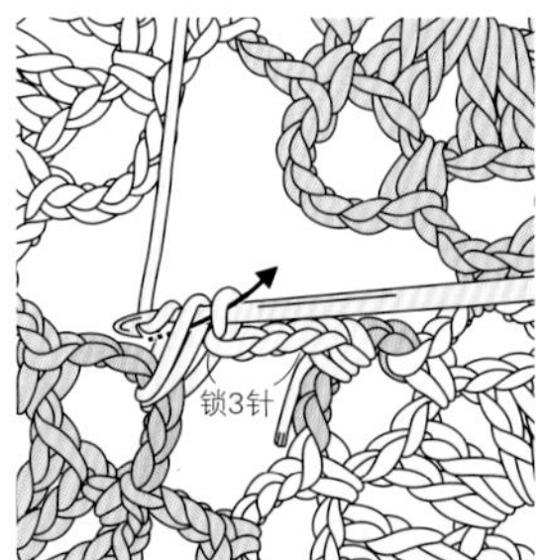

4. 第2片花样处将钩针送入束内，并钩编短针。

5. 按照相同要领，同样拼接第3片和第4片。

Step 3 处理线头（第21页的相同方法）

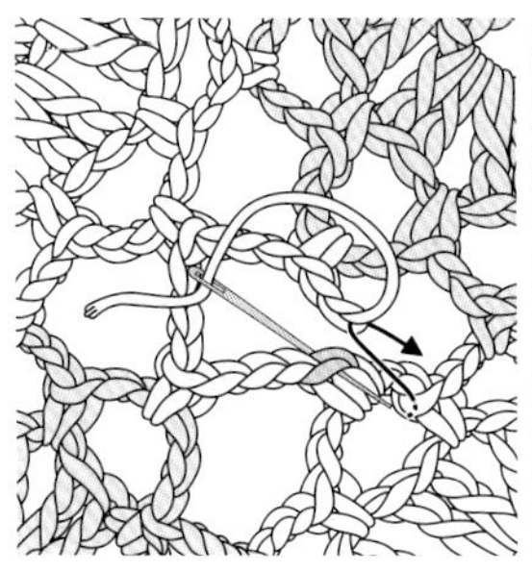

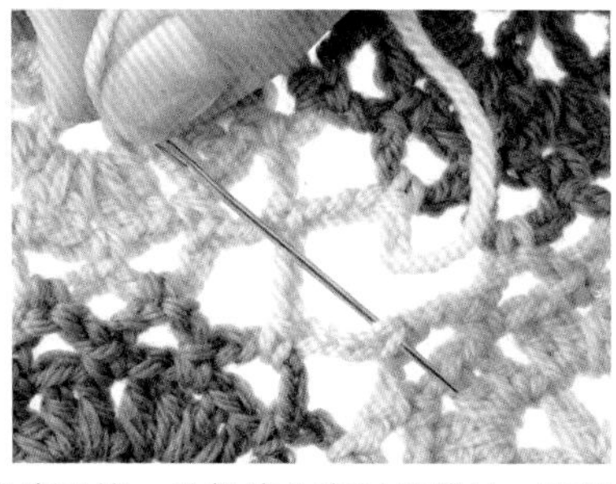

1. 最后，钩编2针锁针后断线引拔，并将线头穿过毛线针。再将钩针送入最初的短针的头部。

2. 钩针送入短针的中心。

3. 将线引至锁1针大小，从背面处理线头，不能露出表面。钩编开始的线也潜入同色系织片部分。

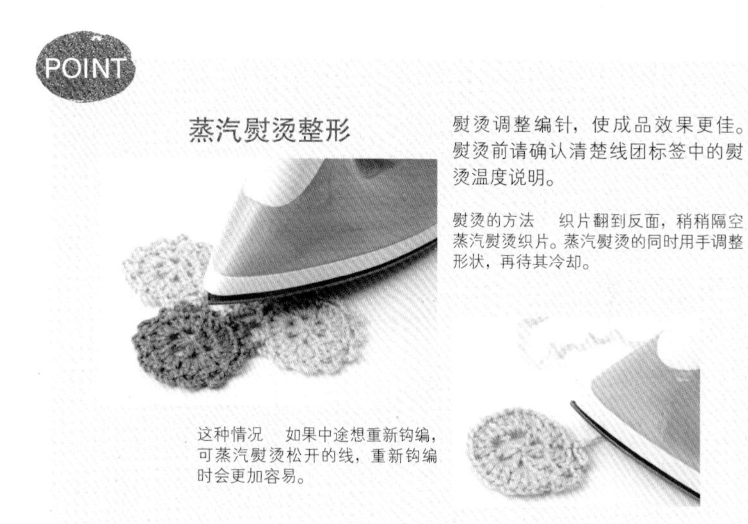

为填充空间，也可使用同此空间等大的其他花样

用锁针及短针填充是最简单的方法。但是，对应空间的大小，用小花样进行填充的方法也行。这种情况的拼接顺序相同，首先拼接主要的花样，之后再钩编拼接填充空间的花样。

用改变主花样第1行进行填充

填充空间的花样从中央开始钩编，钩编第1行，同时拼接于四片花样，拉收起针后处理线头。

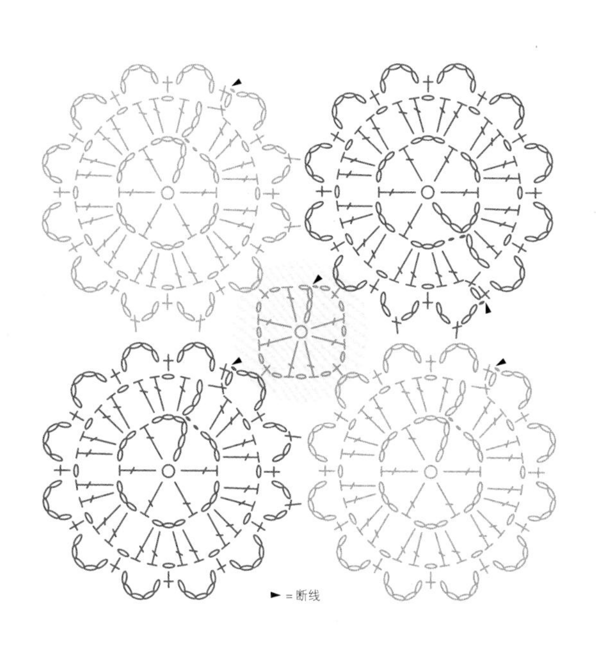

从一片花样开始

运用之前介绍的花样，尝试钩编拼接出不同的作品。
本篇中刊载的作品均采用同一种花样图案分别展现出2款。
同一种花样，通过线的种类搭配、拼接方法及布置方法等，可以展现出不同的设计效果。

围毯

宽大的菱形围毯，还有爆米花针搭配出鲜艳的点缀。
拼接方法为短针拼接。

沿大菱形的边角处折叠，还能制作成小披肩。

圆形花样中心盛开着
爆米花针的花朵

设计: 冈本真希子　编织方法: 第68、69页

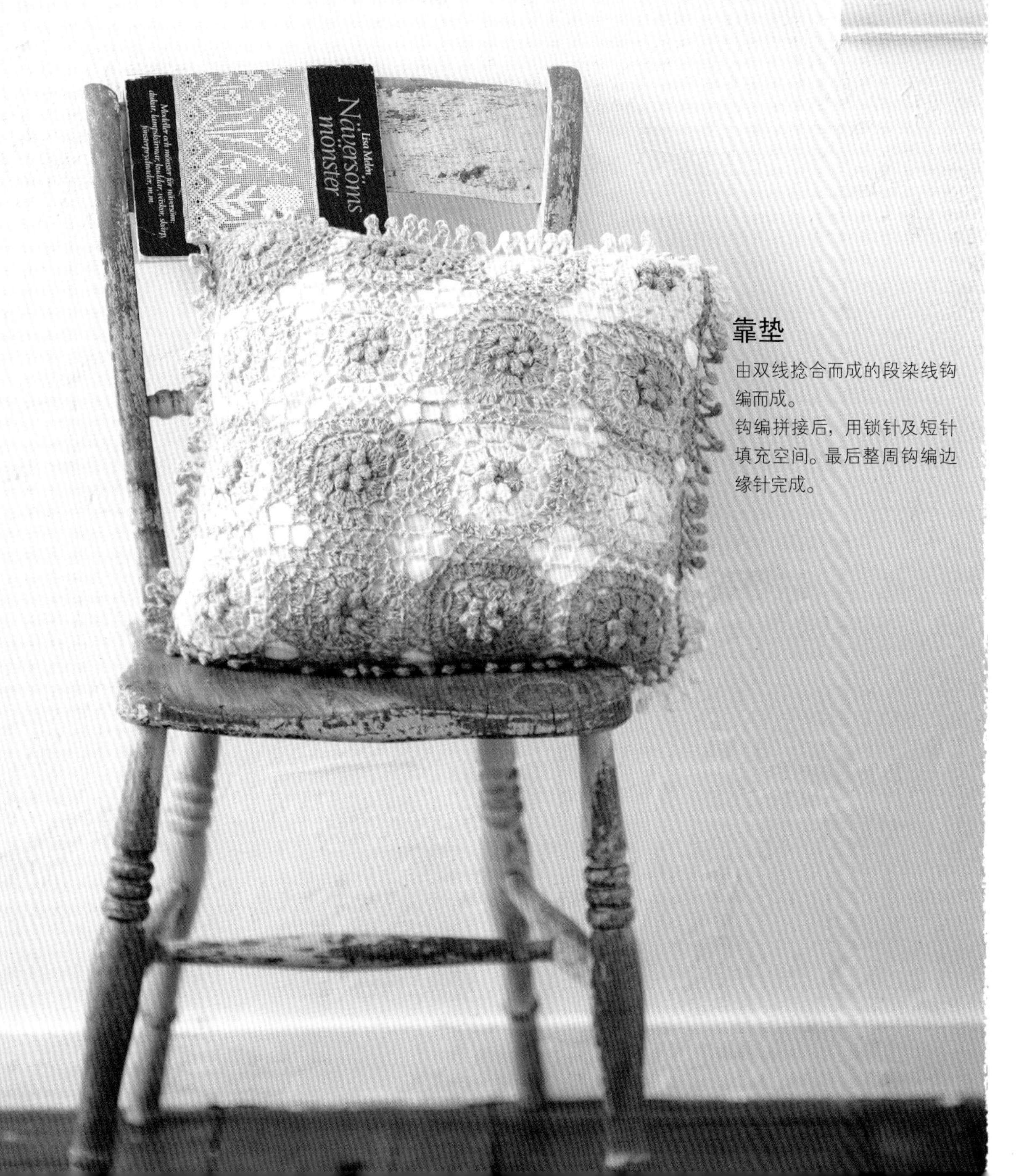

靠垫

由双线捻合而成的段染线钩编而成。

钩编拼接后，用锁针及短针填充空间。最后整周钩编边缘针完成。

P66 围毯

- **线**　中粗直纱[Olympus PREMIO　褐色(20) 200g、芥末黄(10)、酒红色(17)共40g，makemakecocotte 米色(409) 60g]
- **针**　钩针6/0号
- **花样的尺寸**　直径11cm
- **成品尺寸**　长边117cm×短边71cm
- **花样拼接的针法**

针法1　引拔针拼接

(参照第42页)

- **其他要点**

边缘针的钩编开始处在花样的最终行的锁针的空间钩编引拔针接线，并钩编立针的1针锁针和短针。钩编开始处(起针)没有特定位置。

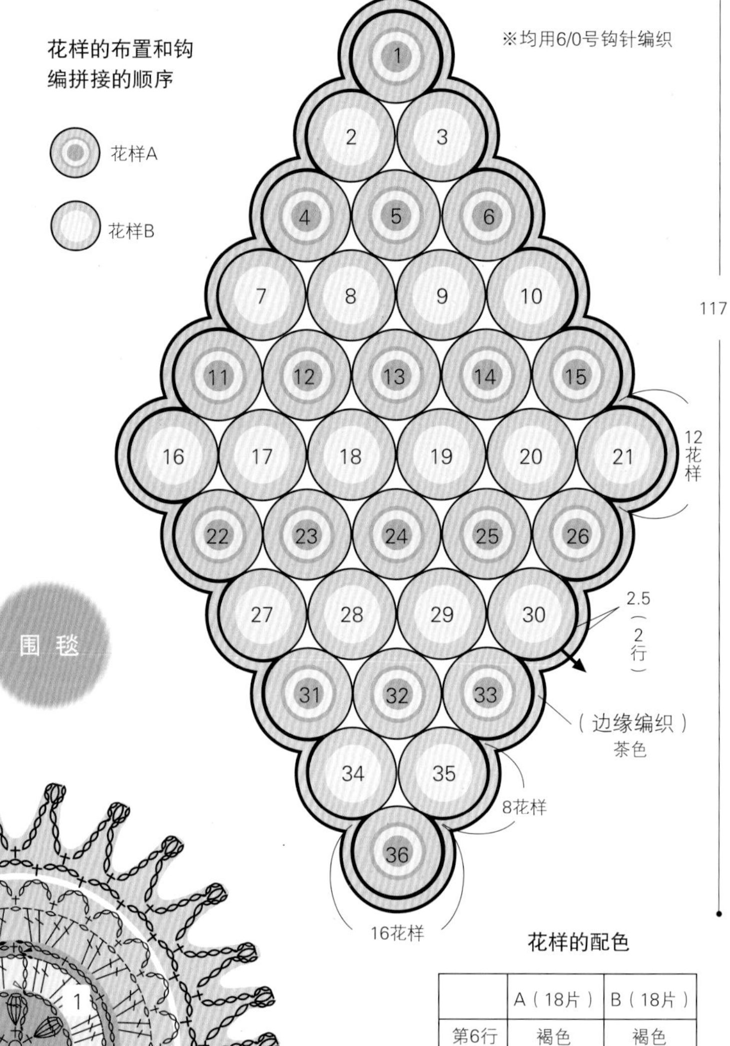

围毯

花样的配色

	A(18片)	B(18片)
第6行	褐色	褐色
第5行	褐色	褐色
第4行	酒红色	芥末黄
第3行	米色	米色
第2行	酒红色	芥末黄
第1行	酒红色	芥末黄

花样的拼接方法和边缘针的钩编方法

P67 靠垫

- **线** 中粗段染混纺 [钻石毛线 钻石塔斯马尼亚美利奴 (精品) 浅蓝色 (814) 170g]
- **针** 钩针 6/0 号
- **其他** 靠垫夹心棉
- **花样的尺寸** 直径 10cm
- **成品尺寸** 长 35cm× 宽 35cm× 厚约 15cm (不含边缘)
- **花样拼接的针法**

针法 11 填充钩编结束后空间的方法 (参照第 64 页)

- **其他要点**

使用边缘针钩编时，反面对合两片花样进行钩编。两片一起将钩针送入束内，接线开始钩编。第 1 行重复钩编锁针和短针，但长针 2 针并 1 针的位置并不是两片一起，而是分别在各花样拼接处逐针钩编对齐未完成的长针。

P66・77 花样 (共通)

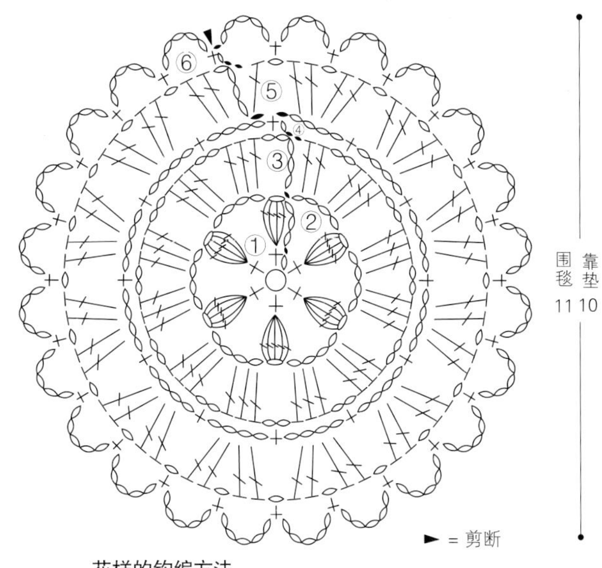

花样的钩编方法

钩编开始处为 "手指绕线成环形的方法" (参照第 14 页)。第 2 行的长针 5 针的爆米花针钩编入第 1 行的短针的头部。第 87 页有钩编方法要点的教程。第 4 行重复锁 4 针和短针。

花样的布置和钩编拼接的顺序

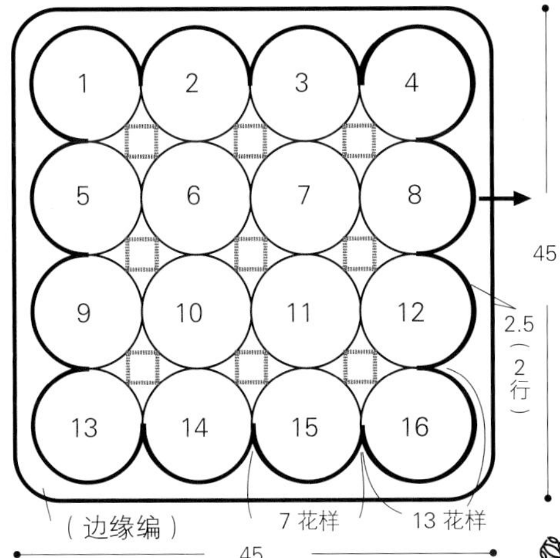

※均用 6/0 号钩针编织

靠垫

边缘针 (共通)

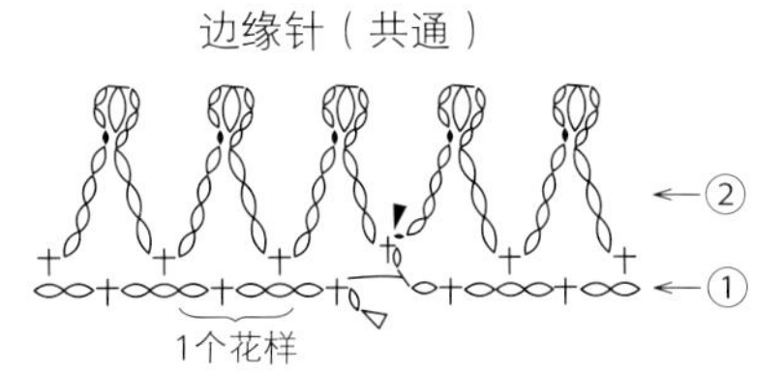

※靠垫的边缘针第1行，在各花样的挑针开始处和挑针结束处逐针钩编长针2针并1针，以替换短针。

花样的拼接方法和边缘针的钩编方法

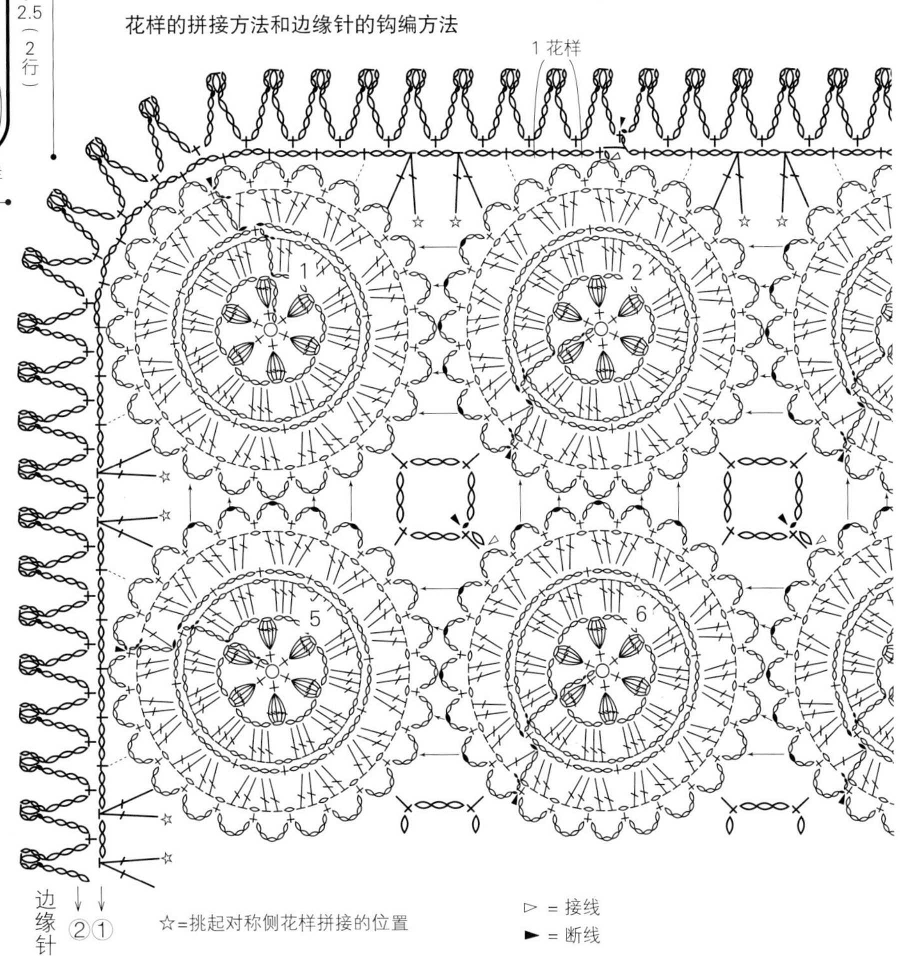

纤细网眼钩编的六边形花样

披肩

以轻柔的马海毛为基底的披肩。像马海毛这样细长的编织线，编织错误可不容易重新松开！一定要耐心制作。

装饰领

棉线钩编，引拔拼接而成的装饰领。
自然披在肩上也可，颈部折叠起的效果也不错。

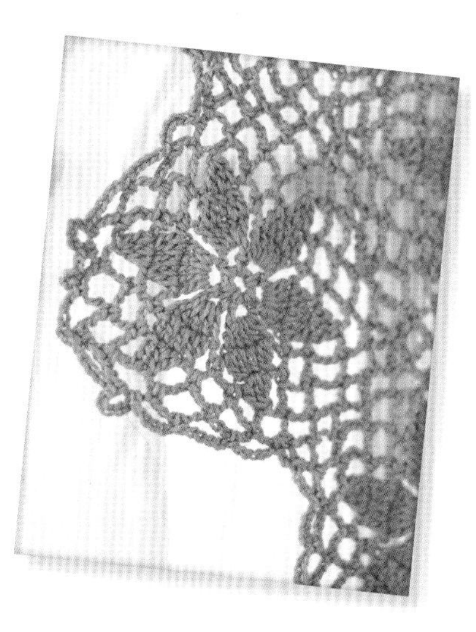

P70 披肩

- **线**　中粗马海毛　[钻石毛线　钻石马海毛(羊驼)米灰色(702) 180g]
- **针**　钩针5/0号
- **花样的尺寸**　12.5cm×12cm
- **成品尺寸**　纵长50.5cm×横长146(短边98)cm
- **花样拼接的针法**

针法3　引拔针在相同位置拼接(参照第46页)

- **其他要点**

边缘针的钩编开始处，在花样的最终行的锁针的瓣制作引拔针，并在接线后钩编立针的1针锁针和短针。钩编开始(起针)的位置不确定。

P70、P71 花样(共通)

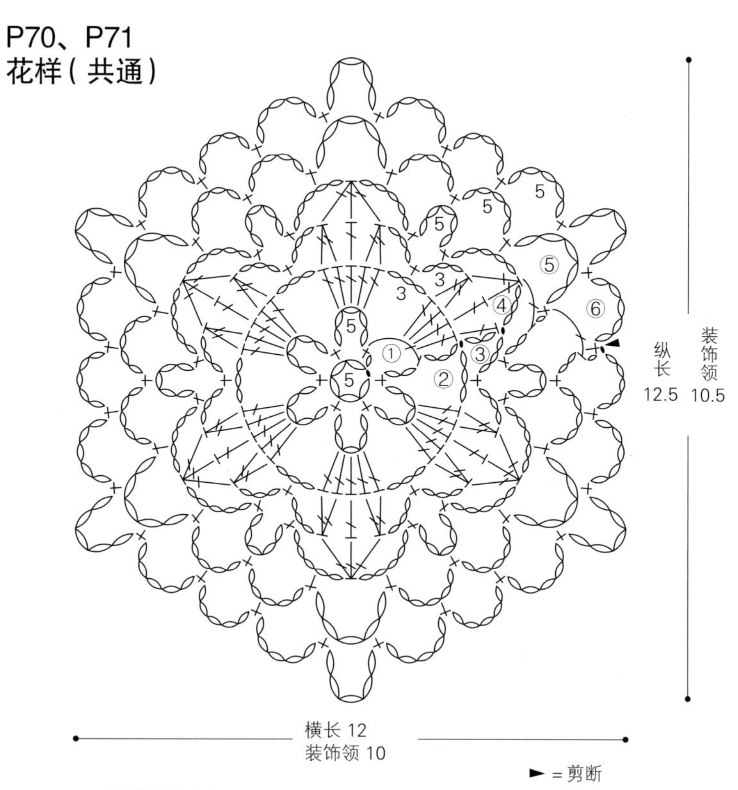

花样的钩编方法

钩编开始处为"锁针成环形的方法"(参照第18页)。
第2行的最后在立针的第3针锁针的半针和里侧引拔。
第3行的最后在锁2针的下一个长针的头部引拔。

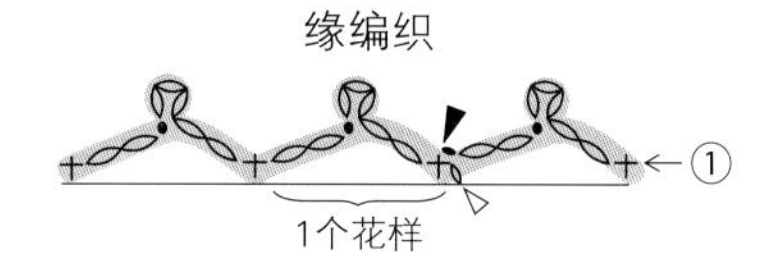

花样的布置和钩编拼接的顺序

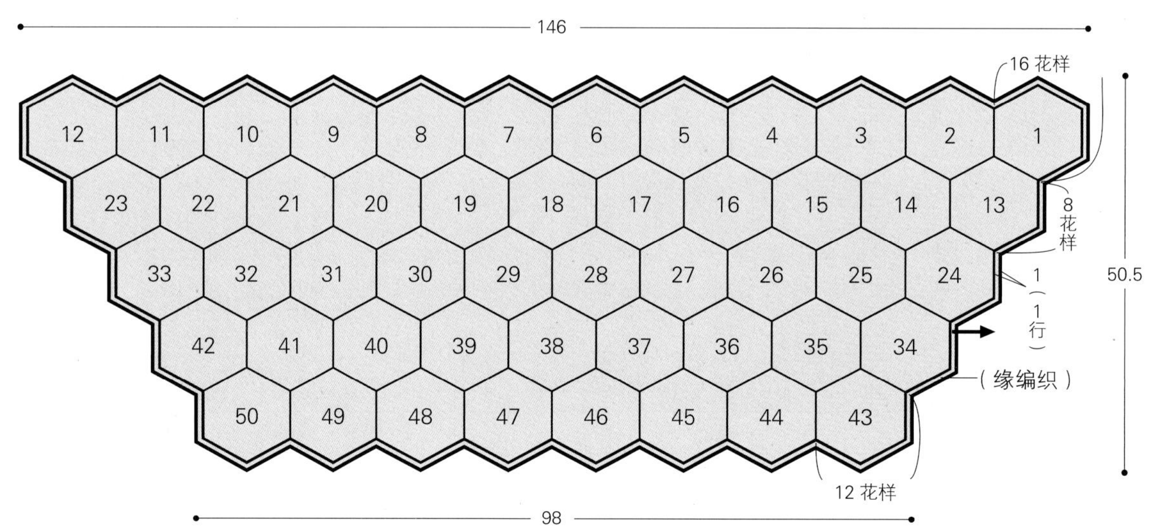

※均用5/0号钩针编织

P71 装饰领

- **线** 中细直纱 [hamanaka〈草木染〉砖红色（75）45g]
- **针** 钩针3/0号
- **花样的尺寸** 10.5cm×10cm
- **成品尺寸** 纵长17.5cm× 横长70（短边60）cm
- **花样拼接的针法**

针法3 引拔针在相同位置拼接（参照第46页）

花样的布置和钩编拼接的顺序

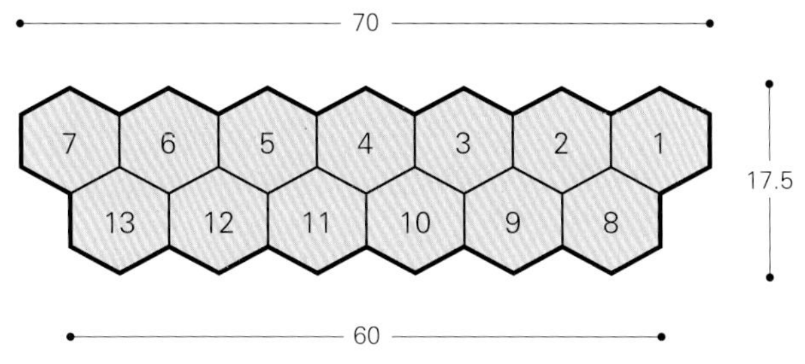

※均用 3/0 号钩针编织

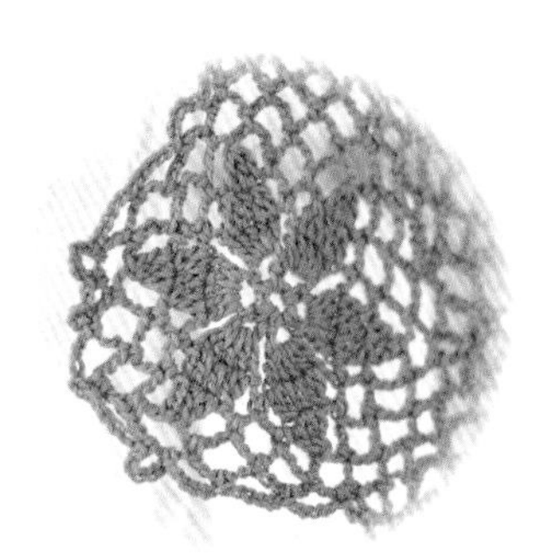

花样的拼接方法（共通）和边缘针（仅披肩）的钩编方法

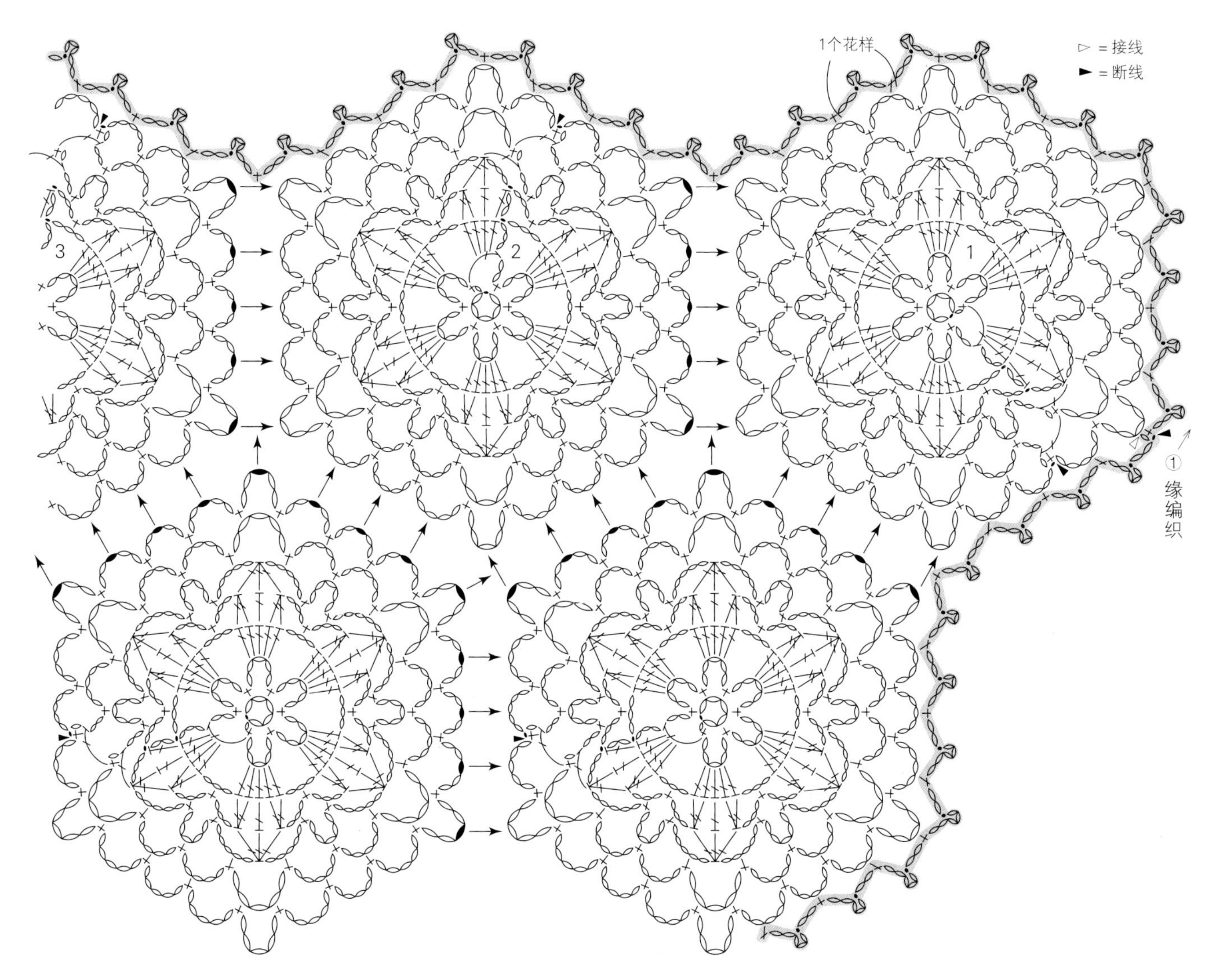

桌垫

12片的花样钩编拼接，制作成星形的桌垫。用纤细的线钩编，呈现出蕾丝般纤细的效果。

可排列成布置成各种形状的三角形花样

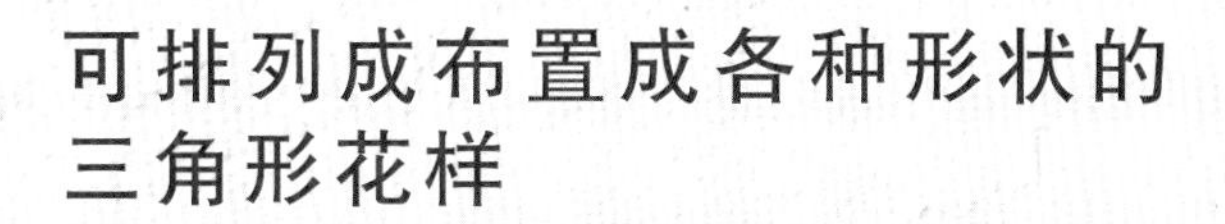

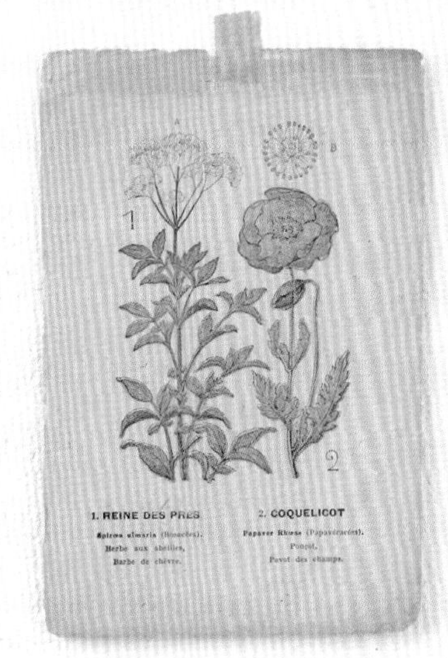

帽 子

斜纹软呢的间色花样制作而成的帽子。花样钩编完成后卷针拼接，边缘使用短针。

P74、P75
花样（共通）

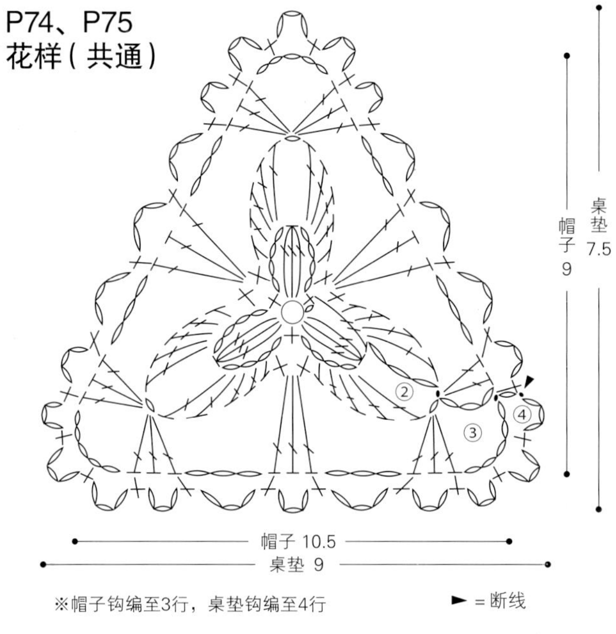

※帽子钩编至3行，桌垫钩编至4行

► = 断线

花样的钩编方法

钩编开始处为“手指绕线成环形的方法”（参照第14页）。

第1行在起针的线环中钩编入短针和长针3针的球球针。

第3行的长针每3针在三角形的顶点挑起锁针入束内，边部将钩针送入短针和短针之间进行钩编。

第87页有钩编方法要点的程序。

花样的布置和钩编拼接的顺序

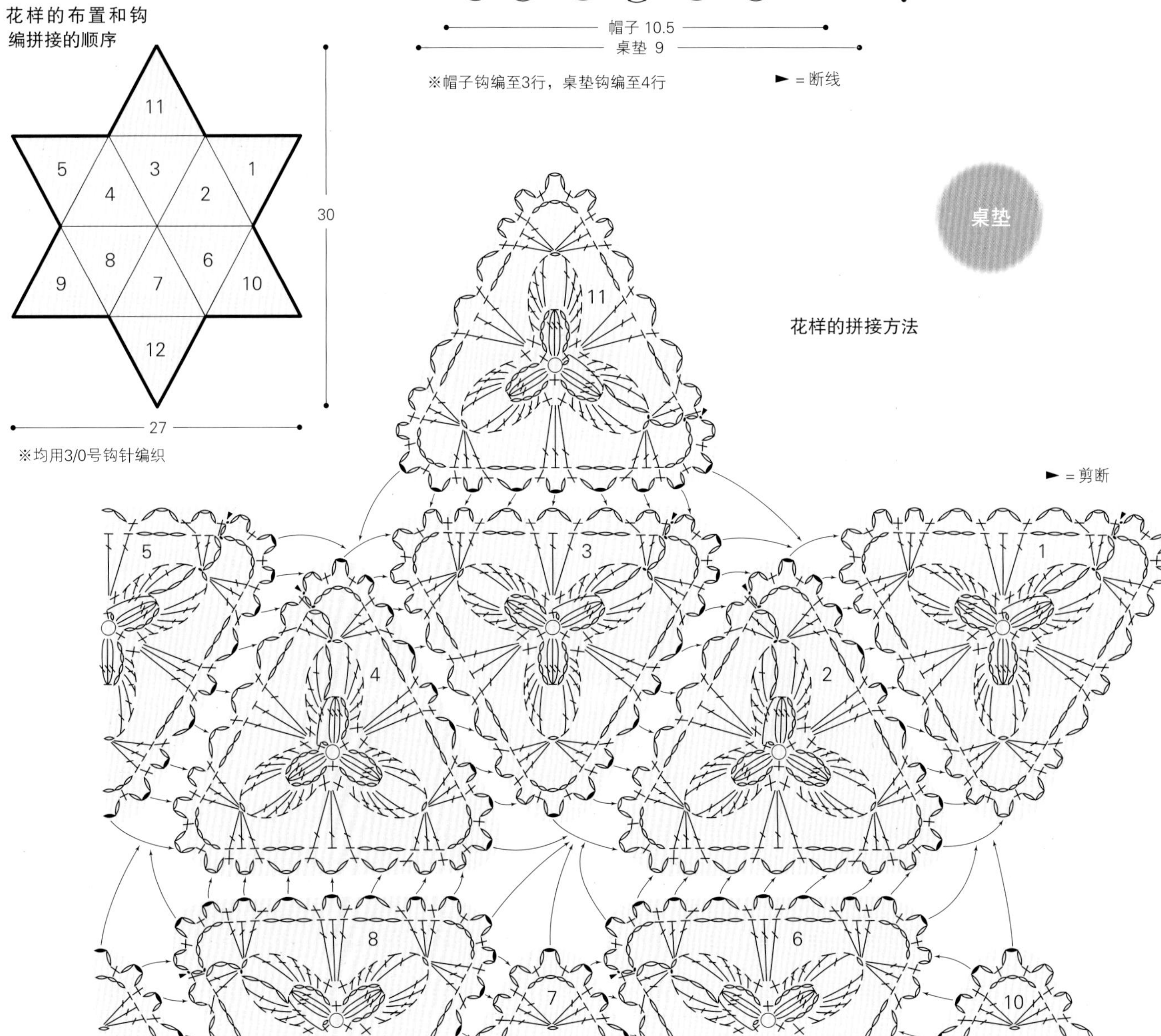

※均用3/0号钩针编织

P74 桌垫

- **线** 中细直纱 [hamanaka FLAX C 米色（7）25g]
- **针** 钩针3/0号
- **花样的尺寸** 底边9cm× 高度7.5cm
- **成品尺寸** 长边30cm× 短边27cm
- **花样拼接的针法**

针法3 引拔针在相同位置拼接（参照第46页）

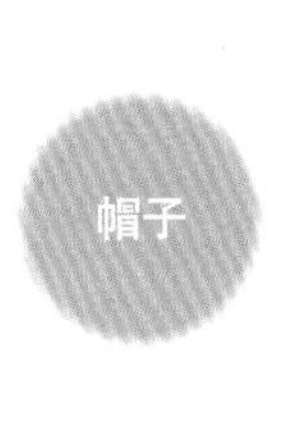

P75 帽子

- **线** 中细直纱 [hamanaka tweedbazar 深褐色（6）30g，米色（5）20g，卡其色（13）10g]
- **针** 钩针6/0号
- **花样的尺寸** 底边10.5cm× 高度9cm
- **成品尺寸** 头围52.5cm× 深度23.5cm
- **花样拼接的针法**

针法9 半针卷针拼接（参照第60页）

- **其他要点**

花样拼接时的顺序需要仔细考虑。如下图所示的数字顺序拼接，首先拼接上半部分，接着拼接下半部分，最后整体对齐。

花样的布置和卷针的顺序

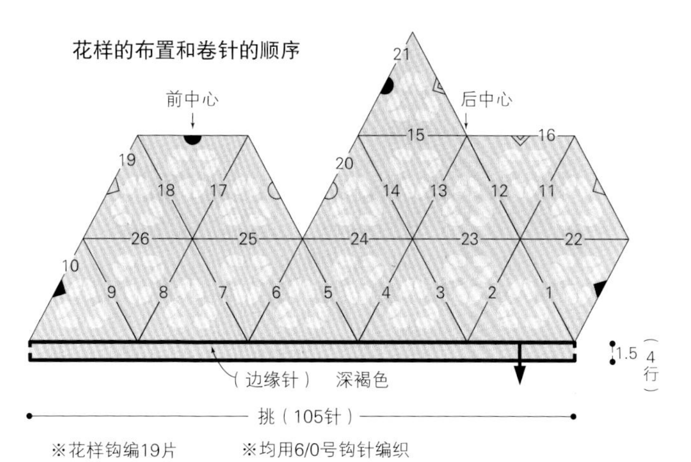

花样的拼接方法和边缘针的挑起方法

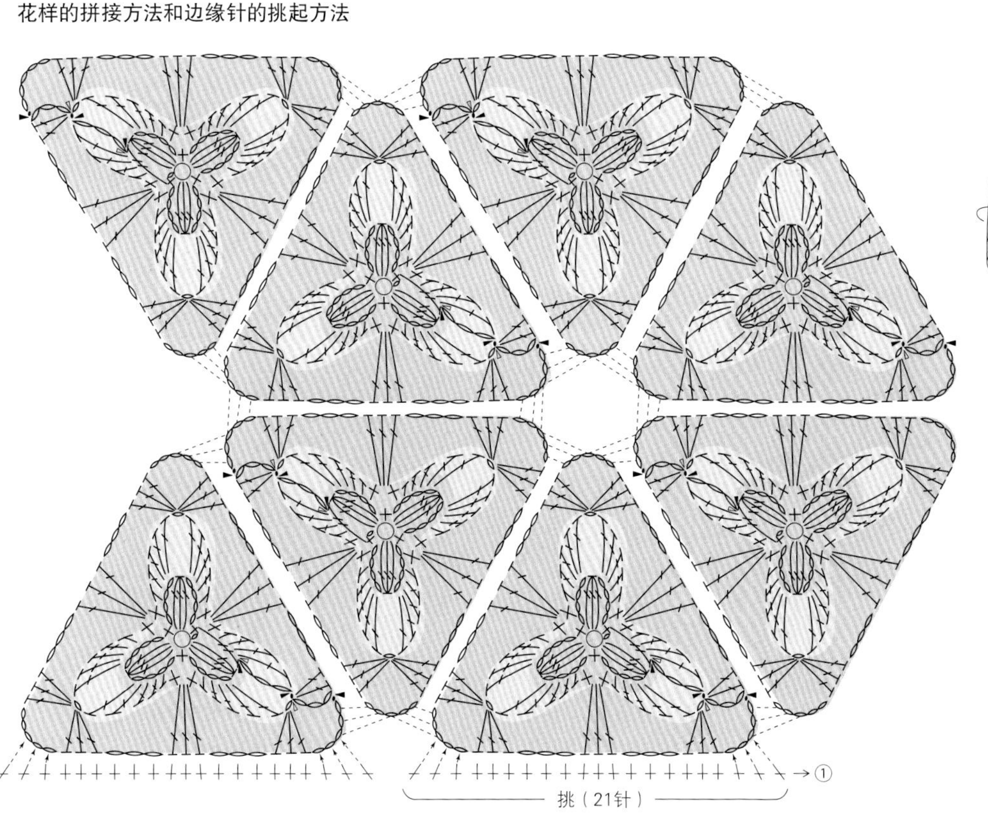

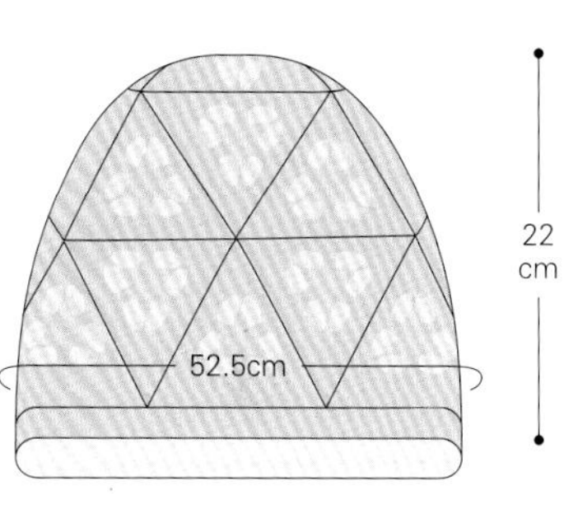

▷ = 接线
► = 断线

花样的配色

第3行	深褐色
第2行	米色
第1行	卡其色

边缘针

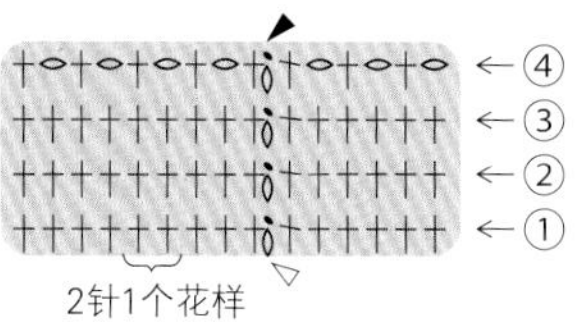

最适合装饰的花形花样

围 巾

蓬松的圈圈纱钩编而成的可爱围巾。绿色 × 白色稍显成熟印象。花瓣前端用长针钩编拼接。

挂 饰

蕾丝钩编的春天挂饰，用粉彩搭配最佳。茎部和叶子的绳带部分用锁针及长针钩编。

P78、P79
花样（共通）

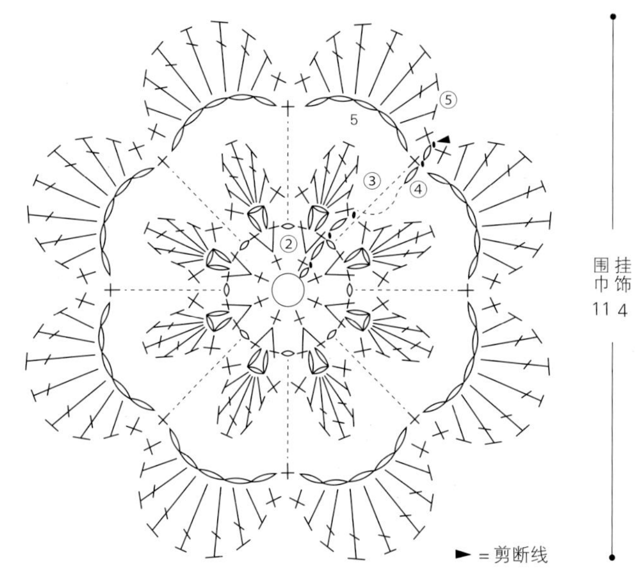

花样的钩编方法

钩编开始处为“手指绕线成环形的方法”（参照第14页）。
第88页有钩编方法要点的教程。

花样的拼接方法（共通）

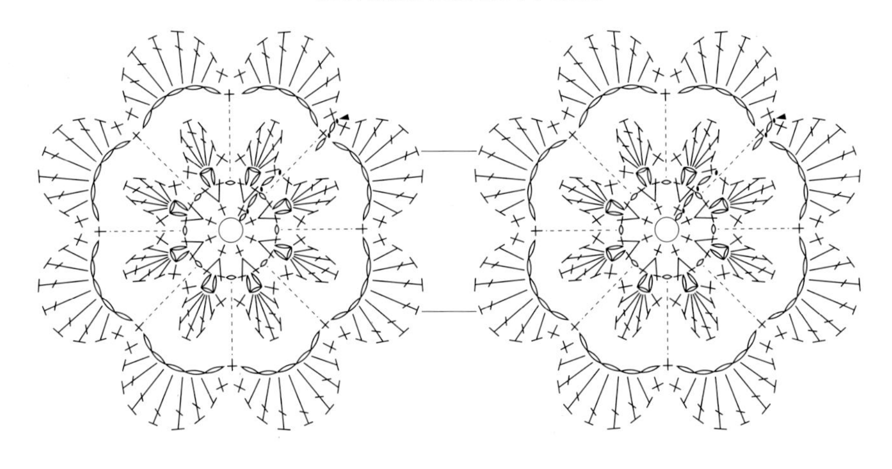

花片的配色

第5行	绿色
第4行	绿色
第3行	白色
第2行	绿色
第1行	白色

花样的布置

132（12枚）

※均用8/0号钩针编织

P78 围巾

- **线**　极粗圈圈纱 [hamanaka　绿色（2）55g，白色（1）30g]
- **针**　钩针 8/0 号
- **花样的尺寸**　直径 11cm
- **成品尺寸**　宽度 11cm× 长度 132cm
- **花样拼接的针法**

针法 3　针法 5　间隔钩长针拼接（参照第 50 页）

P79 挂饰

- **线**　细直纱[Olympus 粉红（118）、米色（732）均为20g，绿色（252）10g]
- **针**　蕾丝针0号
- **花样的尺寸**　直径4cm
- **成品尺寸**　宽度4cm×长度154cm
- **花样拼接的针法**

针法5　间隔钩长针的编织拼接（参照第50页）

- **其他要点**

分别钩编绳带和花样拼接处，接着缝接。缝接时使用绳带的同色系线。

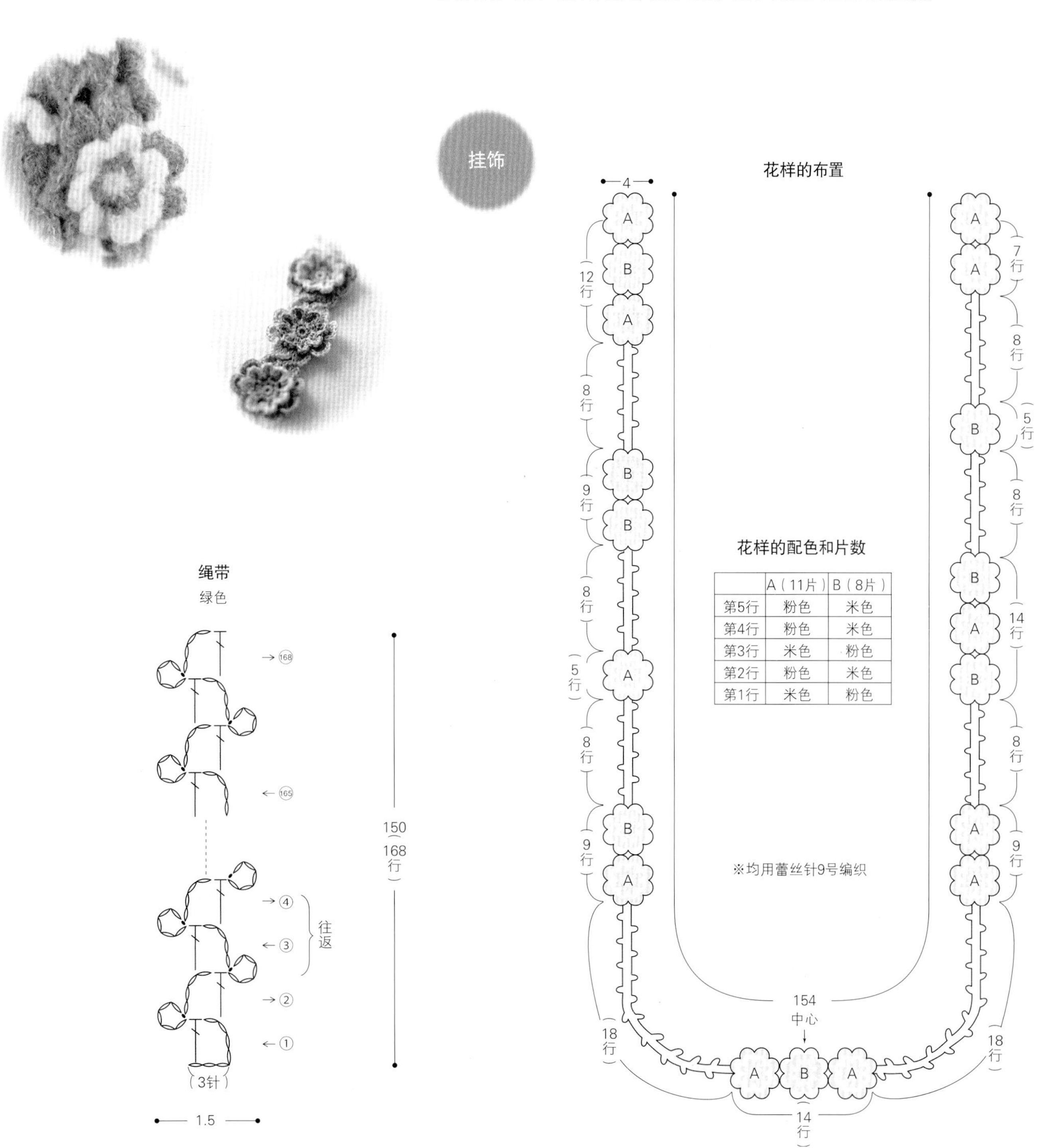

花样的配色和片数

	A（11片）	B（8片）
第5行	粉色	米色
第4行	粉色	米色
第3行	米色	粉色
第2行	粉色	米色
第1行	米色	粉色

边角处凹凸质感的球球排列而成的四边形花样

手袋

反差色调的段染线搭配而成的流行手袋。
花样钩编完成后卷针拼接成手袋。
侧片、底部及手挽均用短针。

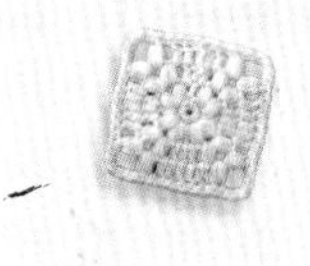

小毯子

淡粉色和米色的轻柔圈圈纱钩编而成。先拼接粉色的花样，后拼接米色的花样。

P82、P83　花样（共通）

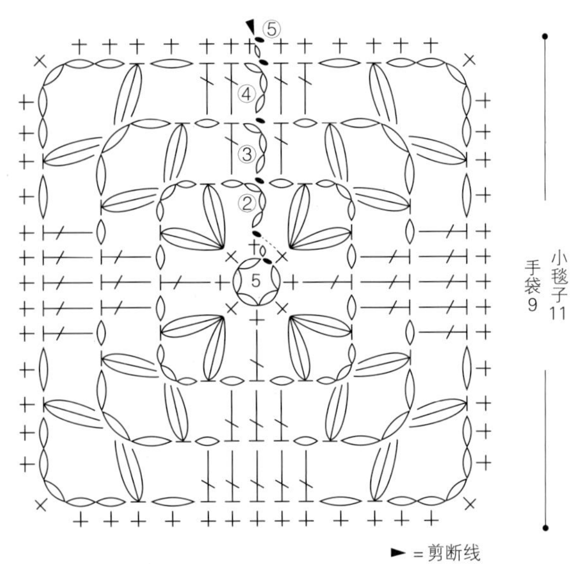

花样的钩编方法

钩编开始处为“锁针成环形的方法”（参照第18页）。

花样的布置和钩编拼接的顺序

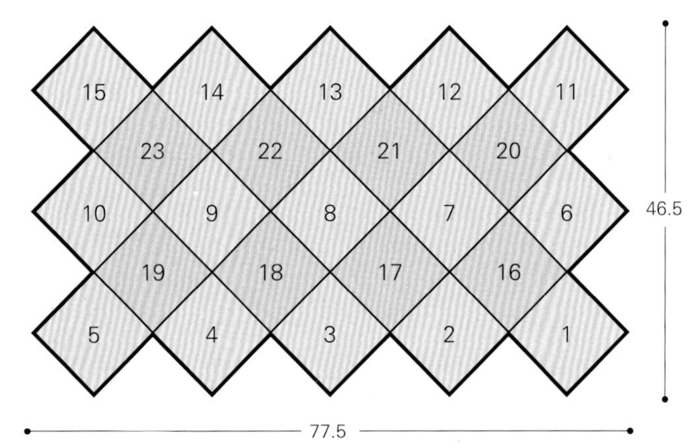

※均用7/0号钩针编织

小毯子

—— ＝先行钩编拼接（粉红的花样）

—— ＝置于拼接结束处的粉红花样之间，钩编拼接

→ ＝从各粉红花样的拼接针圈引出米色花样的针圈

花样的拼接方法

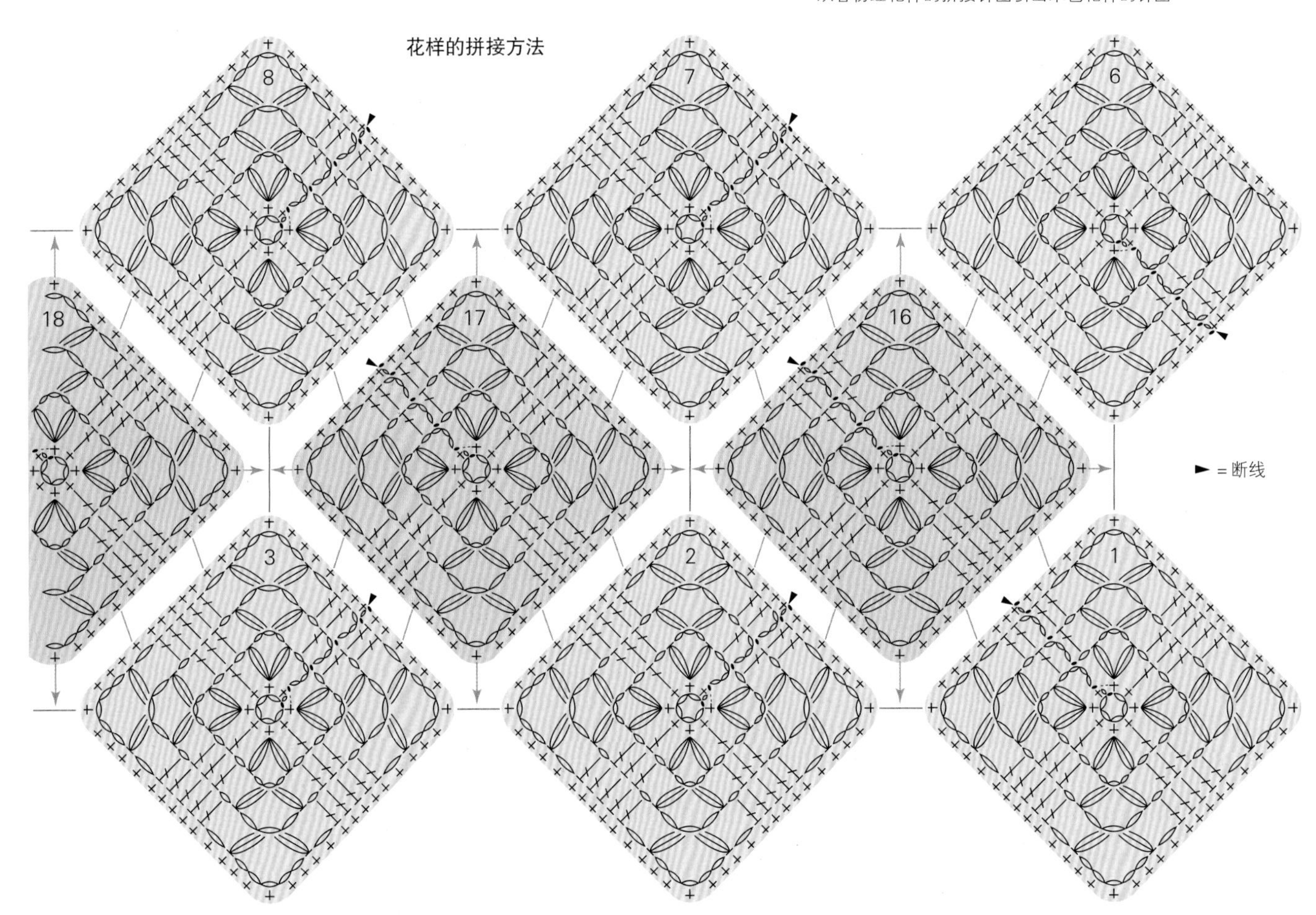

P83 小毯子

- **线** 超粗圈圈纱 [hamanaka 粉红系(2)80g，米色系(1)40g]
- **针** 钩针7/0号
- **花样的尺寸** 11cm×11cm
- **成品尺寸** 长边11cm× 短边46.5cm
- **花样拼接的针法**

针法3 针法5 间隔钩长针拼接(参照第50页)。暂先松开钩针，短针钩编拼接。多片拼接部分先松开钩针，钩针送入连接第2片及第1片的短针的头2根，引出之前的针圈拼接。

P82 手袋

- **线** 极粗段染混纺 [Olympus 橙色(4)95g，蓝色(3)40g]
- **针** 钩针6/0号
- **花样的尺寸** 9cm×9cm
- **成品尺寸** 宽度28cm× 深度19.5cm× 侧边5cm
- **花样拼接的针法**

针法9 半针卷针拼接(参照第60页)

- **其他要点**

分别钩编花样拼接处、侧边・底、手挽。

花样拼接处和侧边・底的拼接放啊为花样拼接的针法7(参照第56页)。将花样放于近身前，反面重合侧边・底于对称侧，挑起全针(头线2根)、而不是半针，钩编短针。

侧边・底拼接完成后，钩编入口，最后用同色系中细线或缝线缝接手挽。

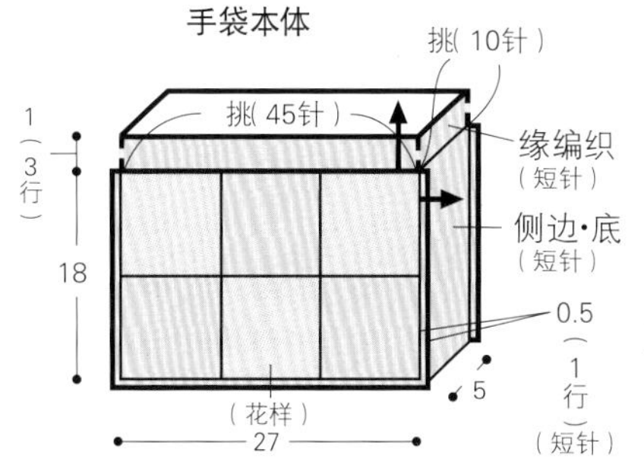

※均用6/0号钩针编织

※另一片的花样拼接处将橙色系和蓝色系颠倒布置

花样的拼接方法 2枚

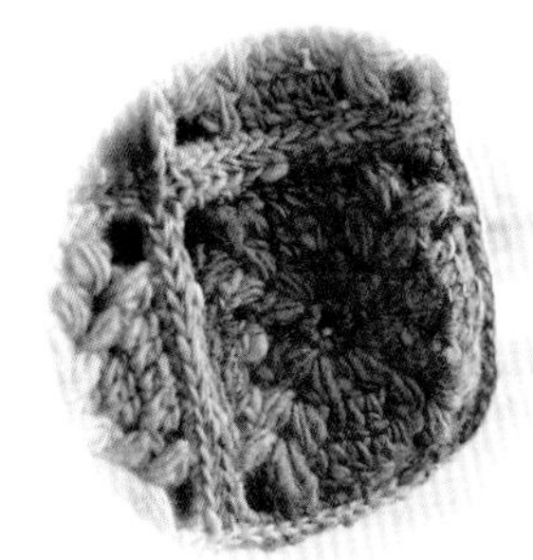

► = 断线

—— = 横向拼接

—— = 纵向拼接

手袋

侧片·底·橙色系

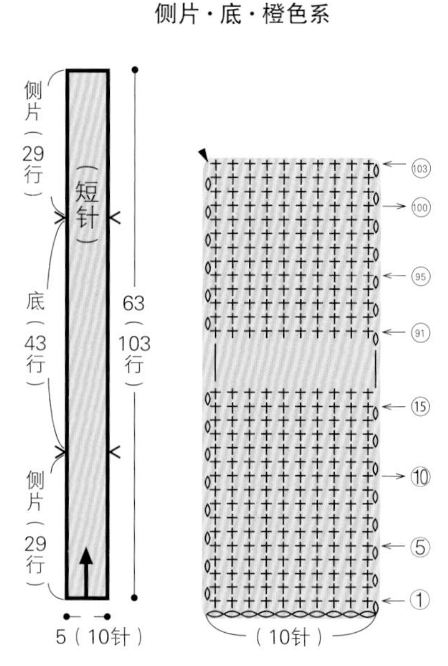

＞＝用线或行数环在侧片和底的边界针圈处标记，成为拼接时的参照。

手挽 橙色系 2根

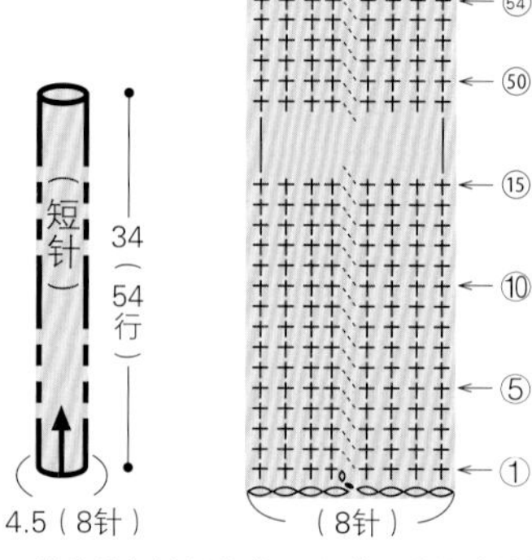

※锁针的起针制作成环形，整圈钩编成筒状

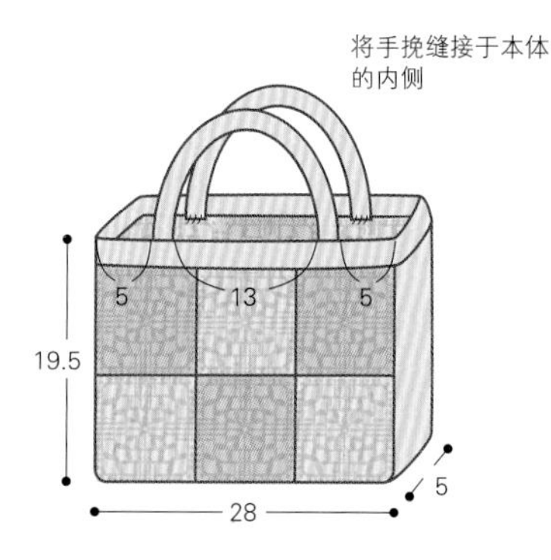

边缘针（入口） 橙色系

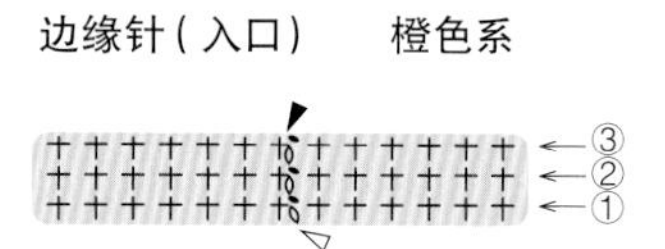

侧片·底的边缘针的挑起方法

▷＝接线
►＝断线

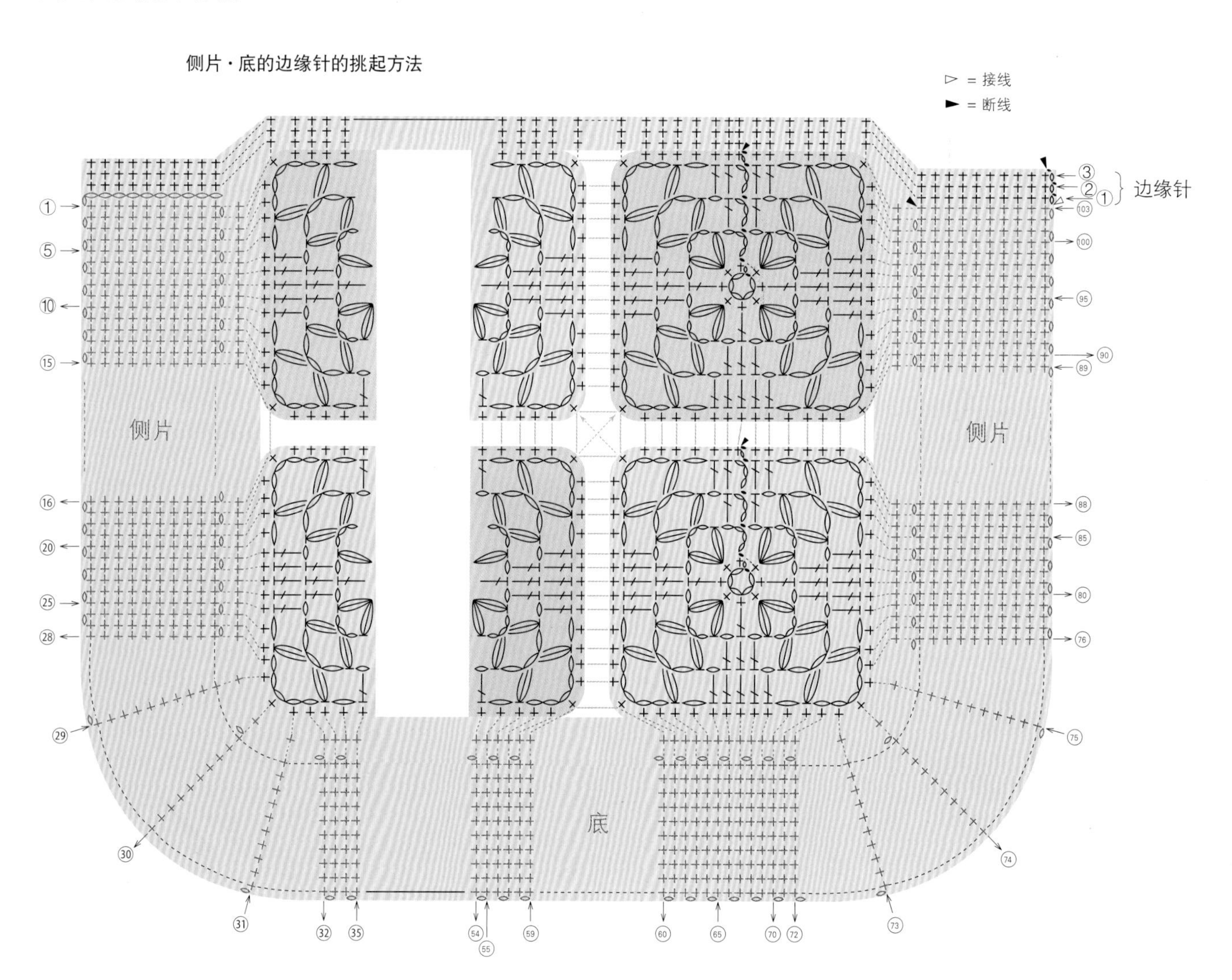

第66～83页的花样钩编要点

对照第66～83页刊载的花样的钩编方法，特意将可能产生误解的内容更进一步点明。敬请参考。

圆形花样（P66～67）

第2行最初的“长针5针的爆米花针”

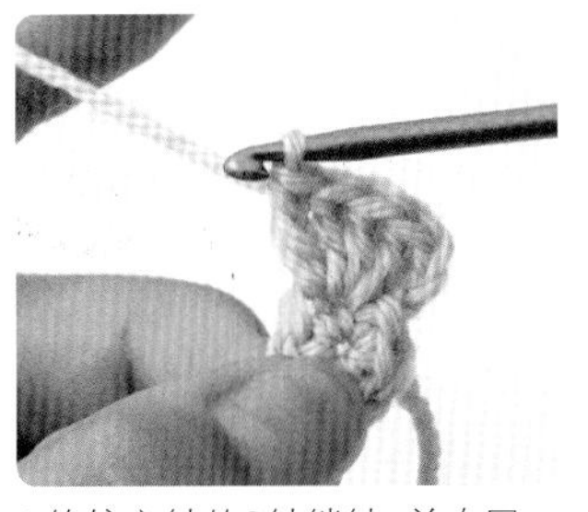

1.钩编立针的3针锁针，并在同一针圈（第1行最初的短针的头部）钩编完成4针长针。

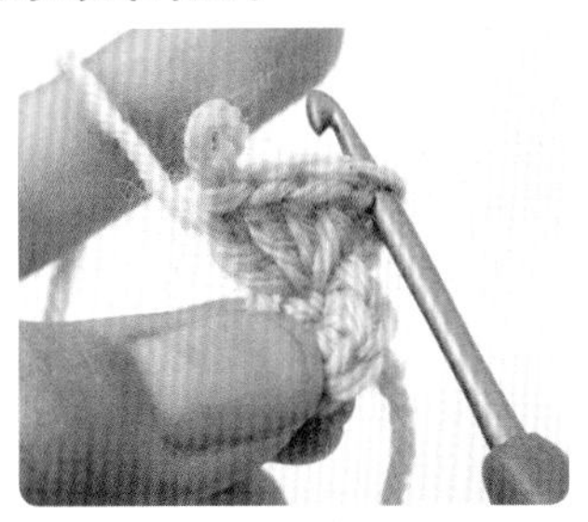

2.暂先松开钩针，并重新送入立针的第3针锁针的半针和里侧。

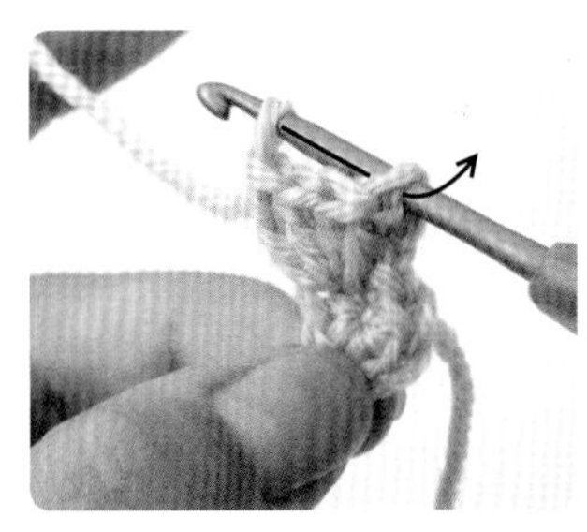

3.再次将之前松开的针圈绕于钩针引拔。

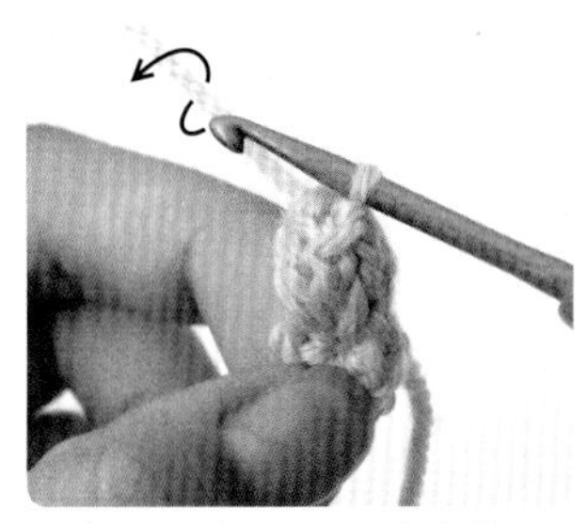

4.线绕于针，钩编1针锁针，再引拔即完成。

第2行钩编结束处的引拔位置

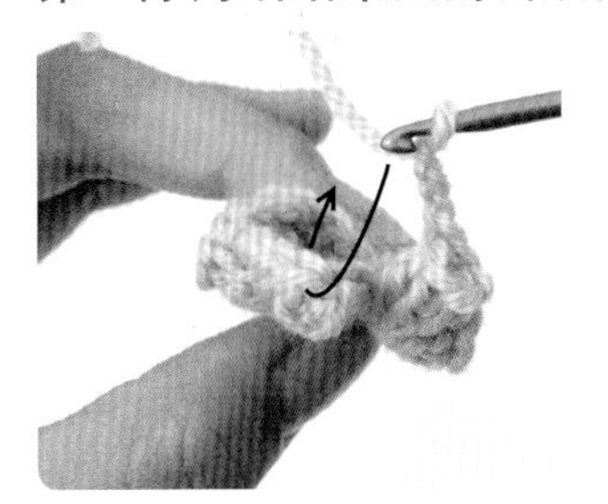

1.爆米花针拉收的针圈为引拔位置。

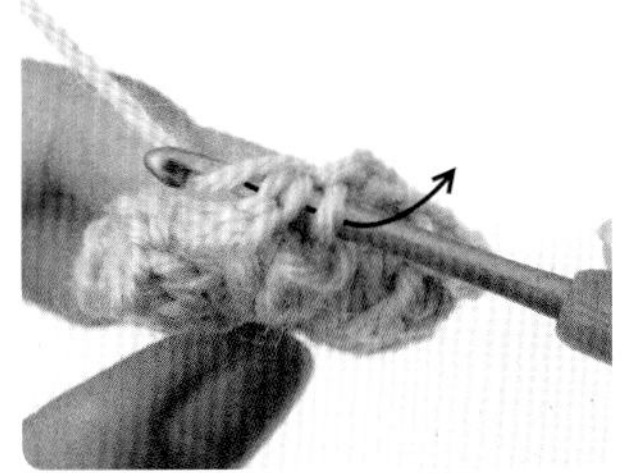

2.挑起锁针2根，绕线引拔。

3.引拔完成。

三角形花样（P74～75）

第2行的钩编开始处

1.第1行钩编完成（最后为长长针）。

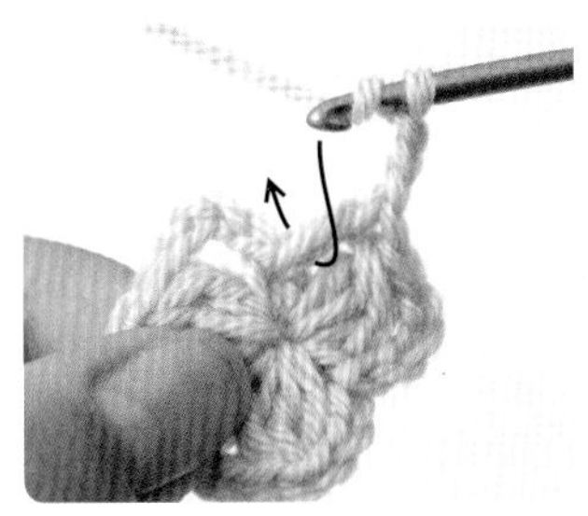

2.钩编立针的锁3针，将长针编入第1行最后的长长针形成的空间。

3.长针钩编完成。

4.钩针送入相同位置，如记号图所示，钩编2针长针、中长针、短针。

花形花样（P78～79）

第2行的钩编方法

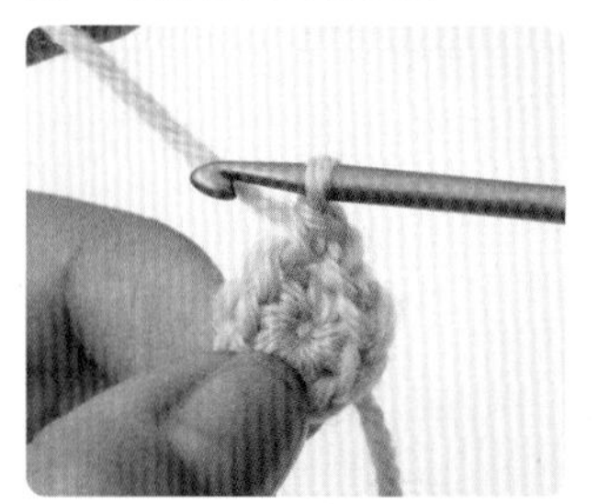

1. 钩编立针的1针锁和短针。

2. 钩编3针锁针。

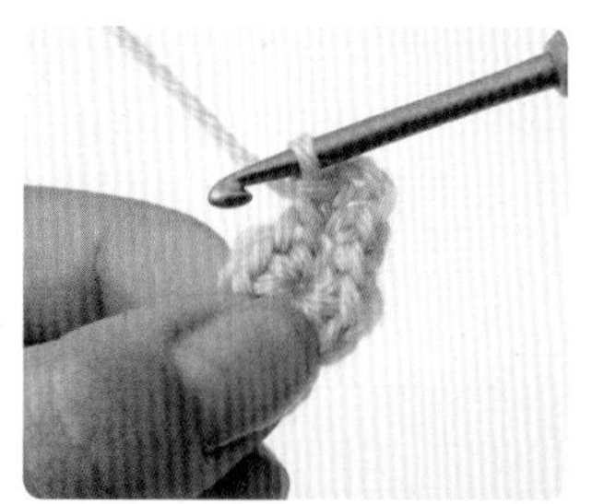

3. 在最初的短针相同位置钩编短针。钩编1针锁针，并在接下来的针圈处也钩编1针短针、3针锁针、1针短针。

4. 第2行钩编完成。将第2行的短针每2针一起送入第1行短针的所有针圈。

第4行的钩编方法

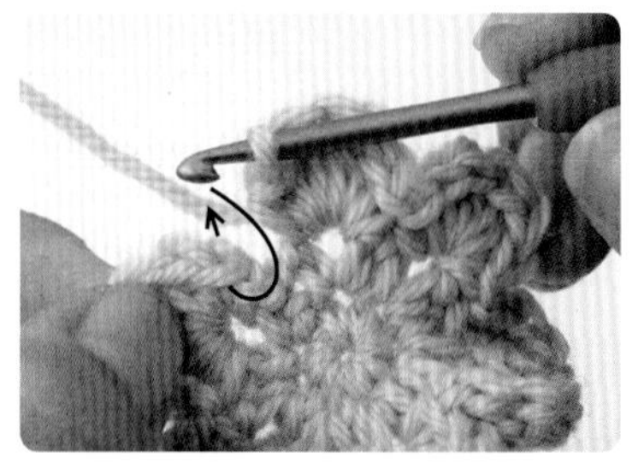

1. 第3行的最后，在最初的短针的头2根引拔。

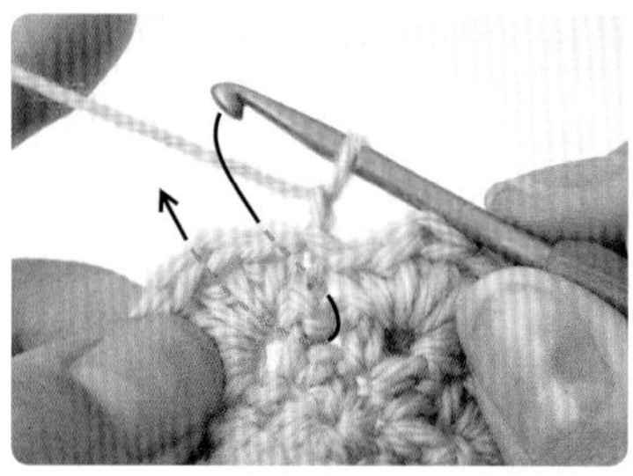

2. 钩编立针的锁1针，接下来的短针钩编时从对称侧挑起第2行的1针锁针。

3. 钩针送入完成。

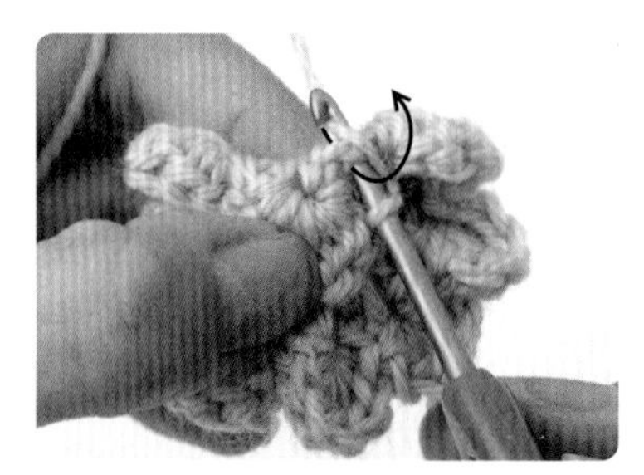

4. 将第3行折入近身前绕线，并引出。

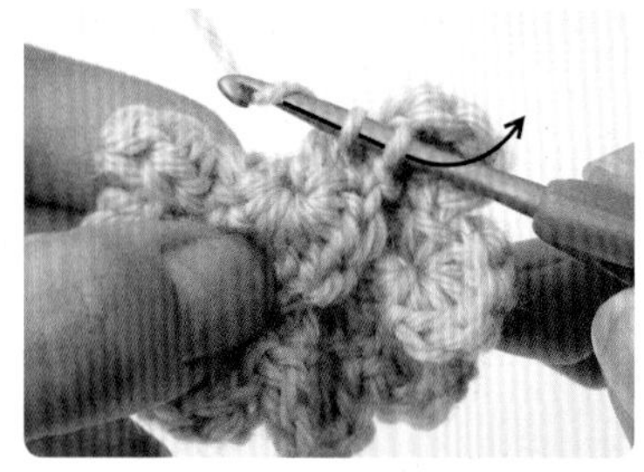

5. 再次绕线，并引拔。

6. 短针钩编完成。

7. 钩编5针锁针。

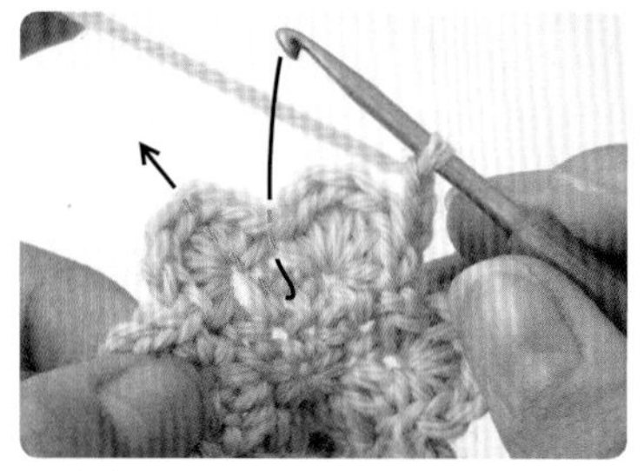

8. 接着如箭头所示，从对称侧挑起锁针。如果分辨不清，可用手指挑开织片。

9. 钩编完成。

本书中刊载的编针记号的钩编方法

本书的花样所使用的编针都是钩针编织的常用针法。
请参照第针法教程，练习钩编至熟练程度。

○锁 针

钩针编织的基本编织针法。绕线于针，并从绕于钩针的针圈中引出。

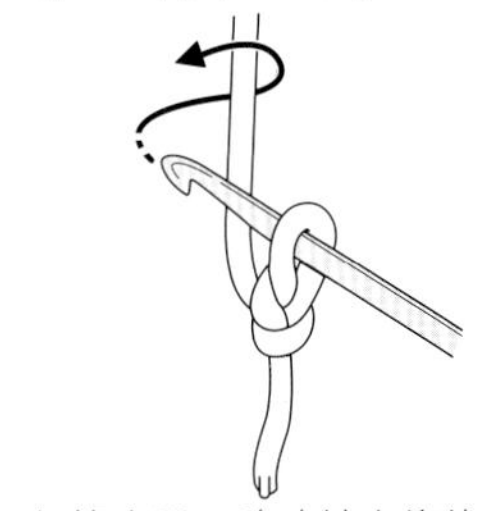

1. 如箭头所示移动针尖绕线。

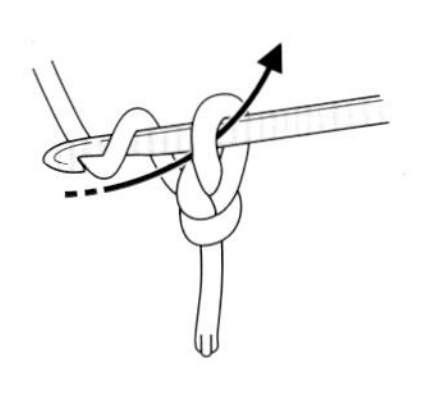

2. 从绕于钩针的针圈中引出线。

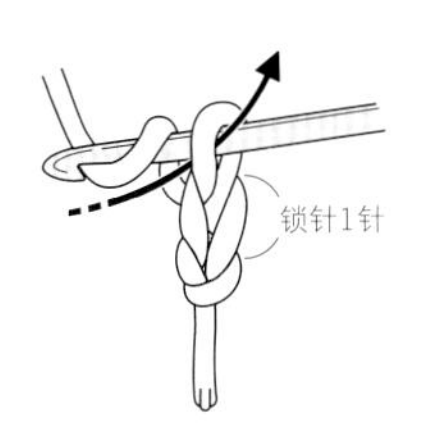

3. 锁针钩编完成1针。接着，同样绕线引出。

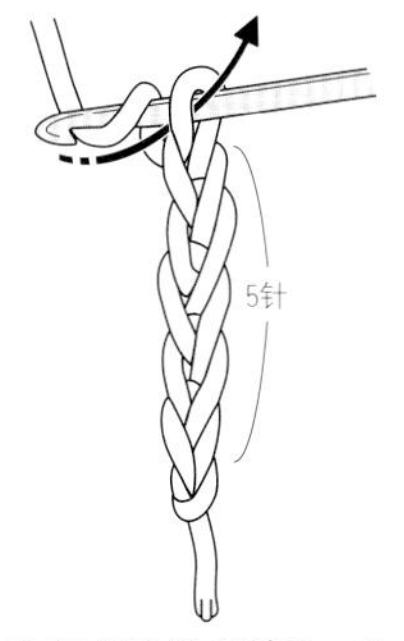

4. 重复“绕线引出”，钩编出所需的针数。

●引拔针

没有高度的编织。花样钩编时，常用于“行的钩编开始处拼接于钩编开始处”的情况。“钩针送入上一行的针圈，绕线引拔”的操作。

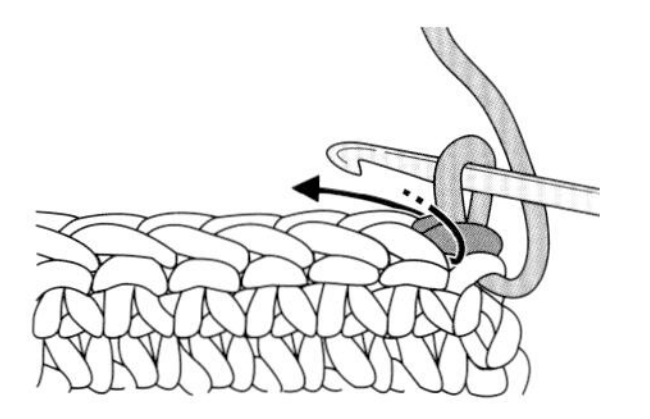

1. 将钩针送入需要钩编引拔针的位置（这里为上一行短针的头2根）。

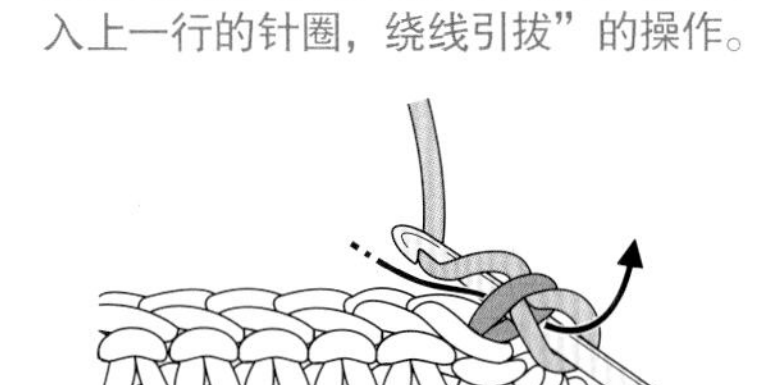

2. 绕线于针，如箭头所示将线一起引拔。

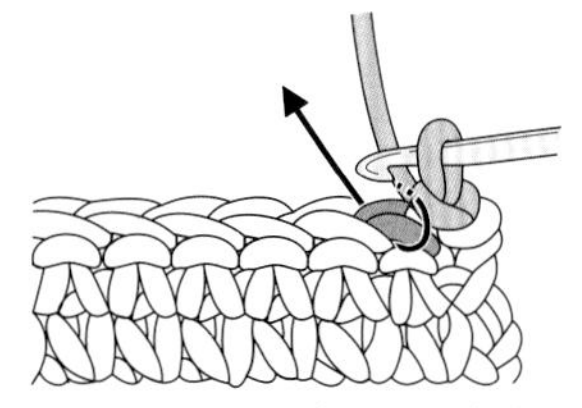

3. 引拔针钩编完成1针，接着同样按方法钩编。

＋（×）短针

锁1针高度的编织针法。将针送入上一行，绕线引出，再次绕线，并引拔绕于钩针的线。

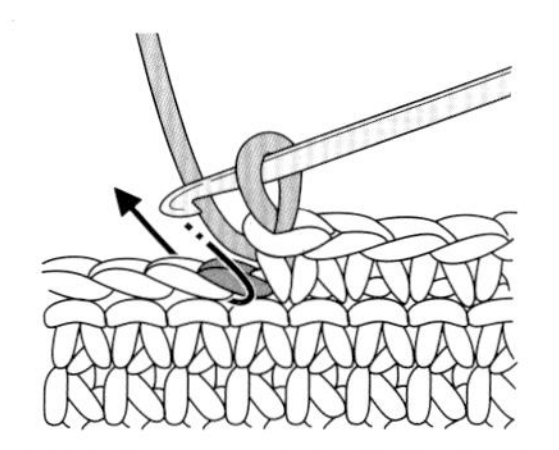

1. 钩针送入上一行短针的头2根。

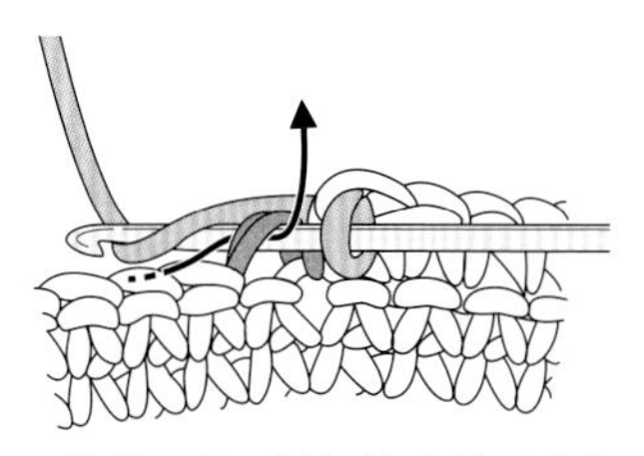

2. 绕线于针，并如箭头所示引出线。

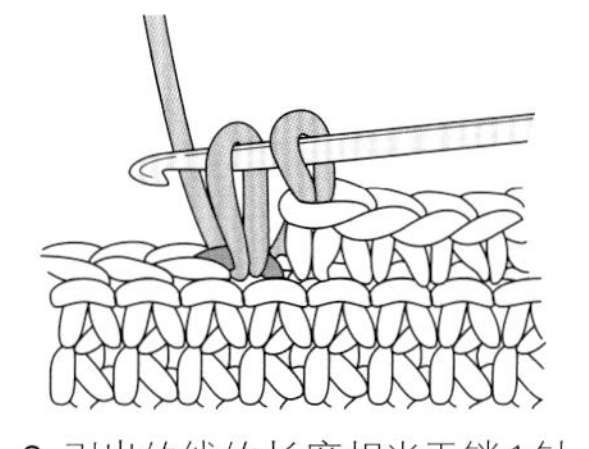

3. 引出的线的长度相当于锁1针。

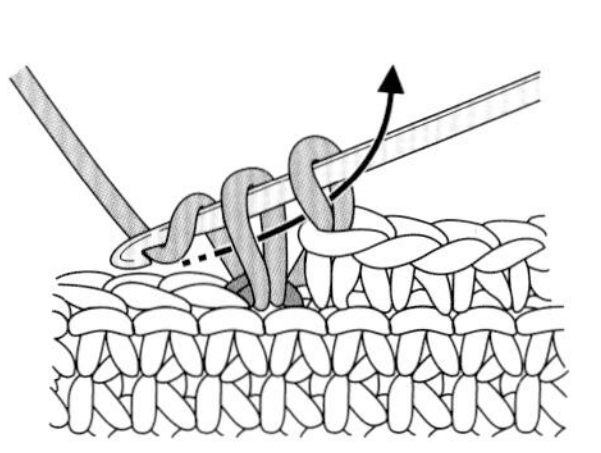

4. 再次绕线，将2根针圈一起引拔。

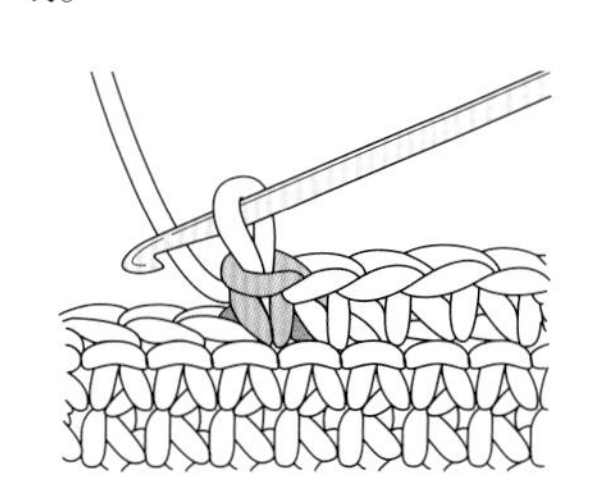

5. 短针钩编完成1针。

中长针

锁2针高度的编织针法。绕线于针，钩针送入上一行。绕线引出，再次绕线，并引拔绕于钩针的线。

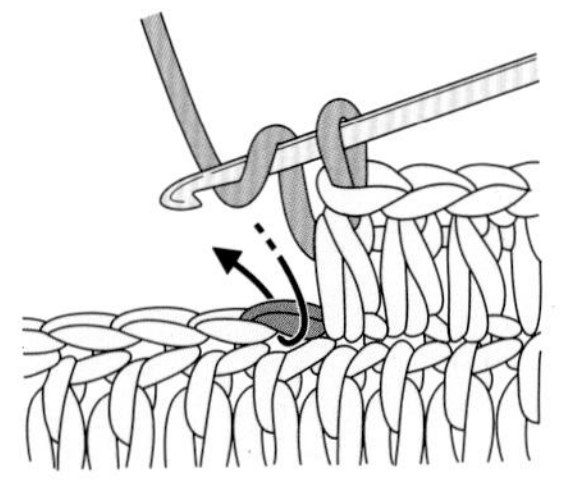

1. 绕线于针，钩针送入上一行中长针的头2根。

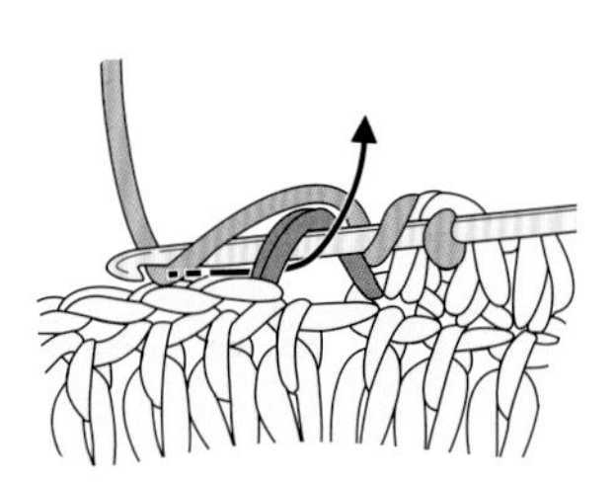

2. 绕线于针，如箭头所示引出。引出的长度相当于锁2针。

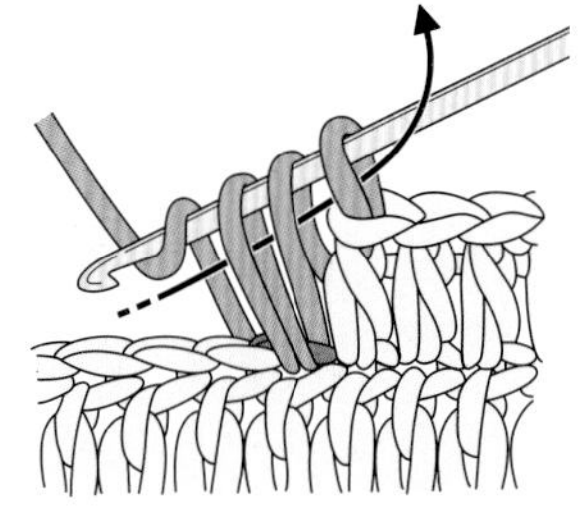

3. 再次绕线，将绕于钩针的3个针圈一起引拔。

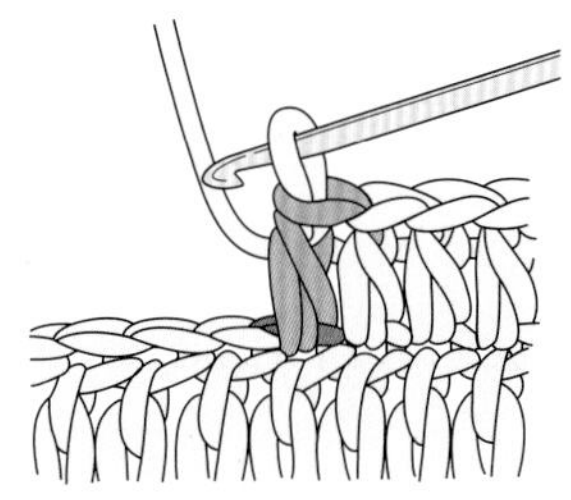

4. 中长针钩编完成1针。

长针

锁3针高度的编织针法。绕线于针，钩针送入上一行。绕线引出，之后重复操作两次“绕线后每2个针圈一起引拔”。

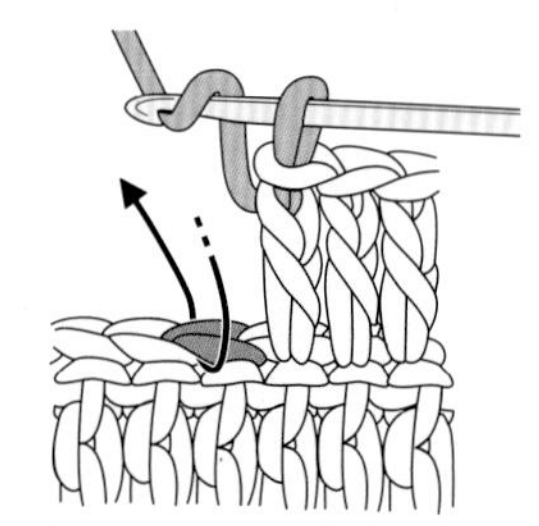

1. 绕线于针，钩针送入上一行长针的头2根。

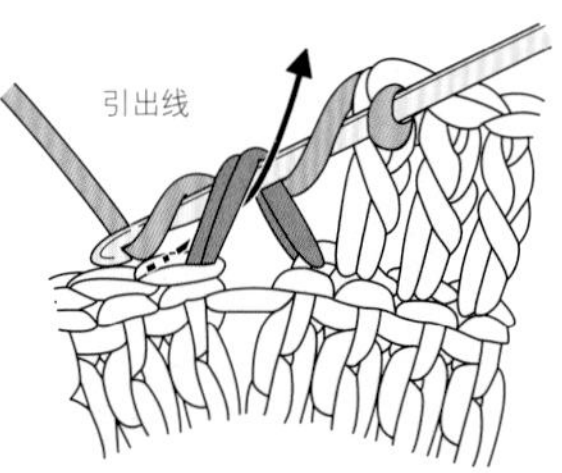

2. 绕线于针，如箭头所示引出。引出的长度相当于锁2针。

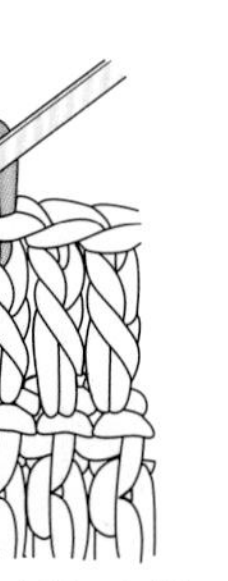

3. 绕线于针，如箭头所示引拔左侧2个针圈。

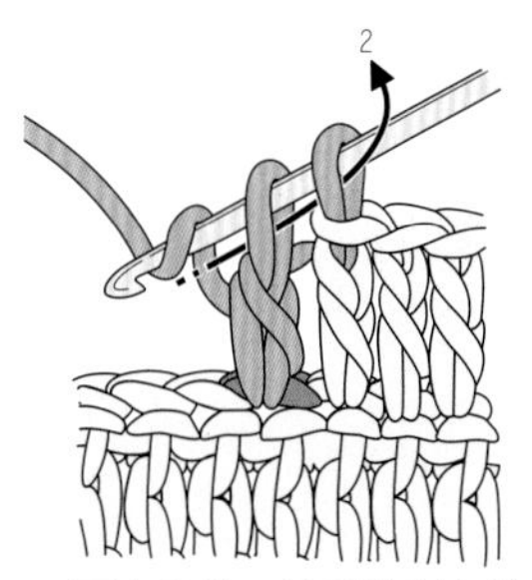

4. 再次绕线，并引拔剩余的2个针圈。

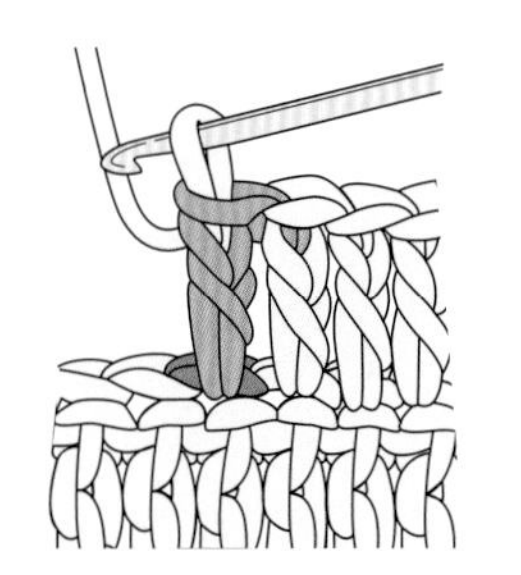

5. 长针钩编完成1针。

长长针

锁4针高度的编织针法。绕线2圈于针，钩针送入上一行。绕线引针，之后重复操作三次“绕线后每2个针圈一起引拔”

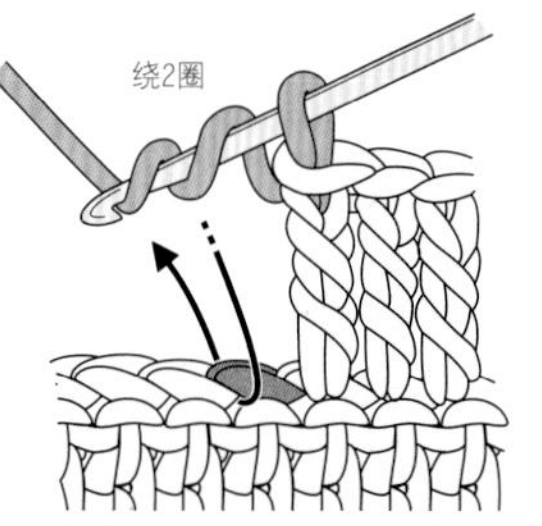

1. 绕线2圈于针，钩针送入上一行长长针的头2根。

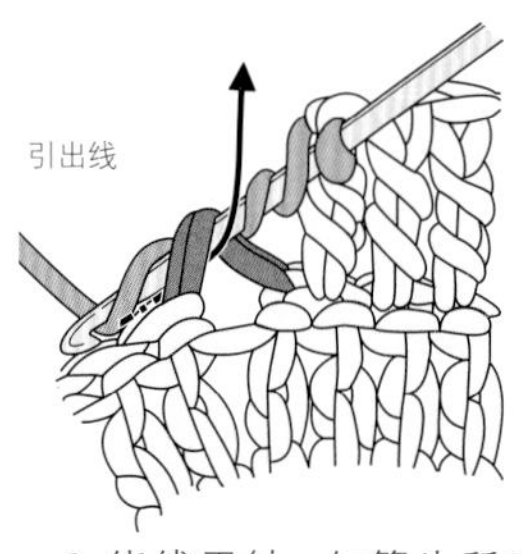

2. 绕线于针，如箭头所示引出。引出的长度相当于锁2针。

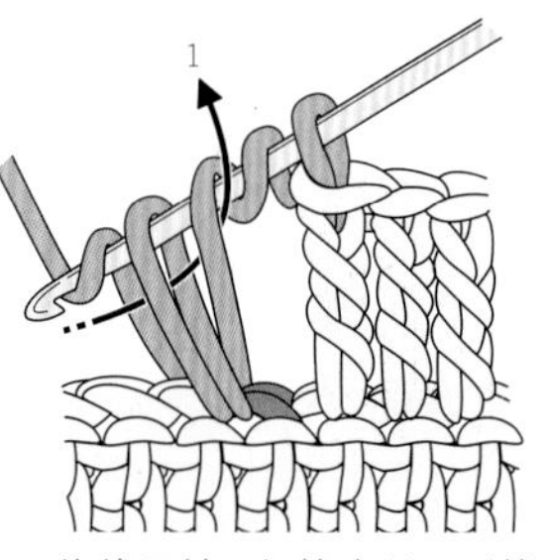

3. 绕线于针，如箭头所示引拔左侧2个针圈。

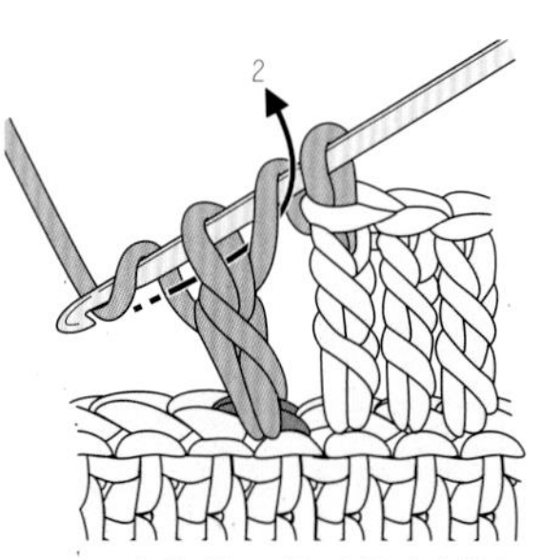

4. 再次绕线，并引拔左侧的2个针圈。

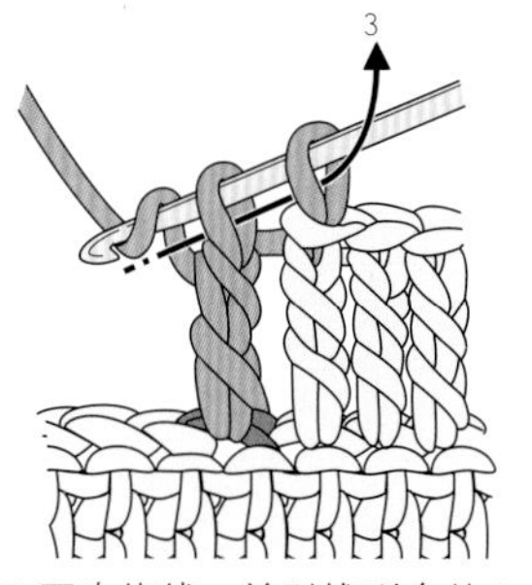

5. 再次绕线，并引拔剩余的2个针圈。

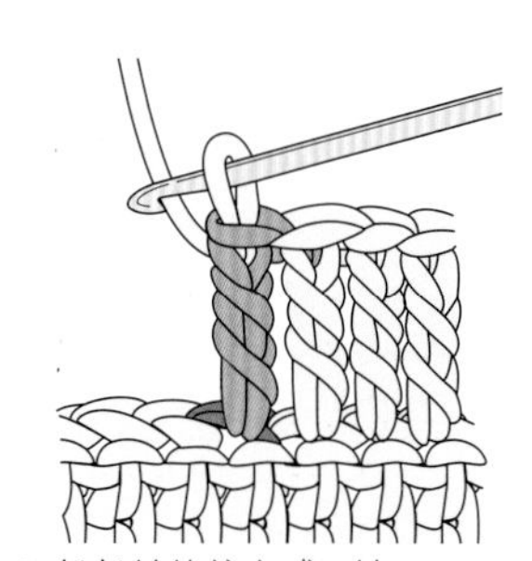

6. 长长针钩编完成1针。

编入短针2针（1针分短针2针）

在上一行的相同针圈内钩编完成2针短针（加针）。

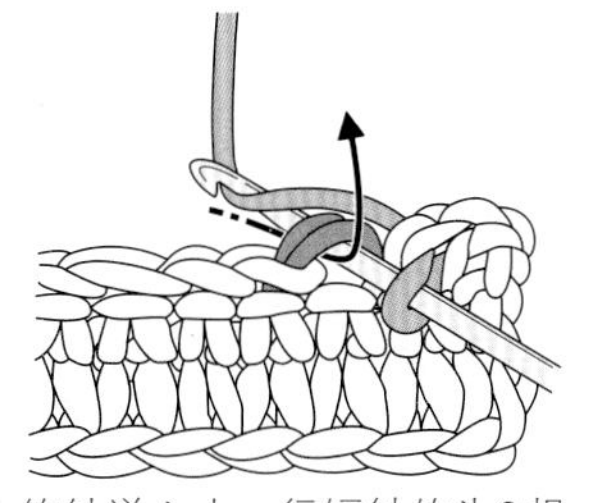

1. 钩针送入上一行短针的头2根绕线，引出锁1针高度的线。

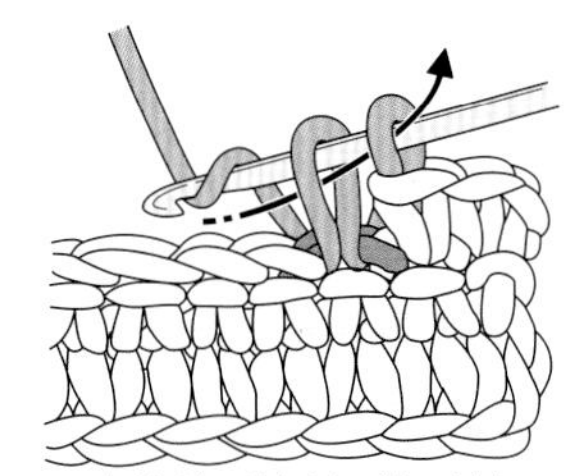

2. 再次绕线引拔（短针1针）。

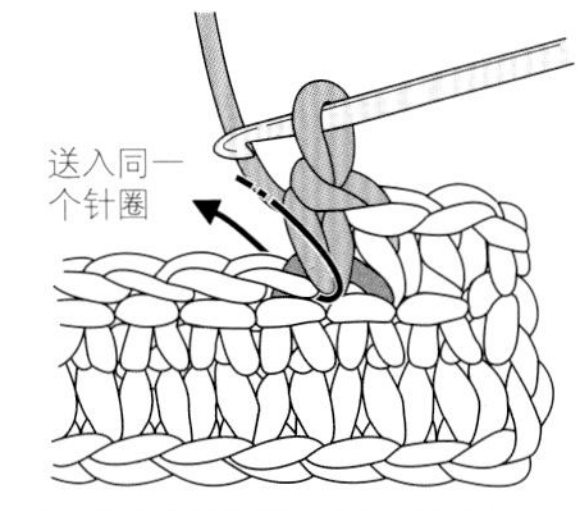

3. 再次将钩针送入同一针圈。

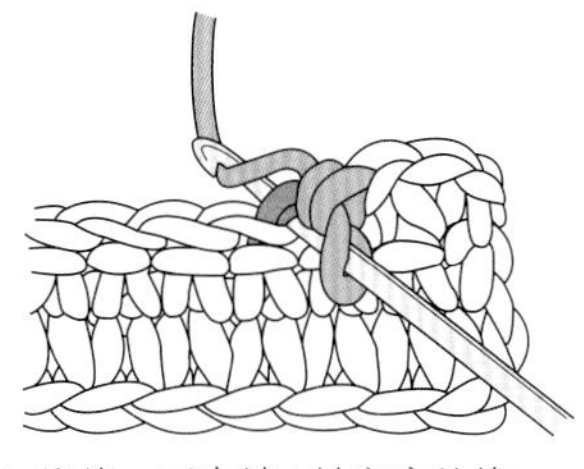

4. 绕线，引出锁1针高度的线。

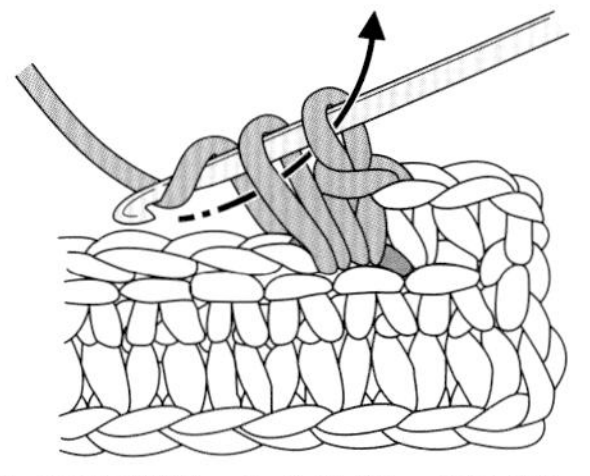

5. 再次绕线，2个针圈一起引拔。

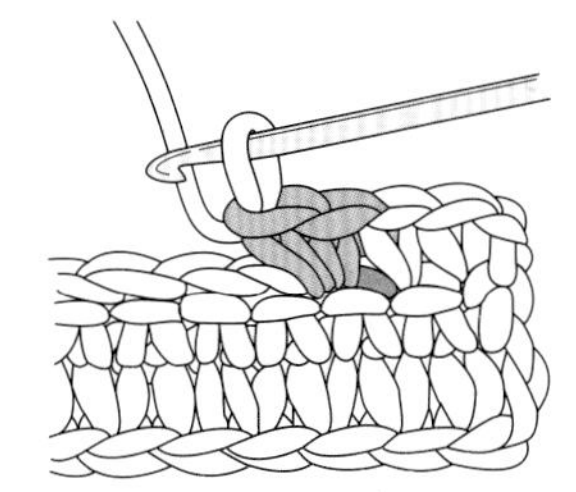

6. 在相同针圈钩编完成2针短针。

长针2针并1针

将上一行的2针调整成1针（减针）的钩编方法。
钩编2针未完成的长针，最后对齐即可。

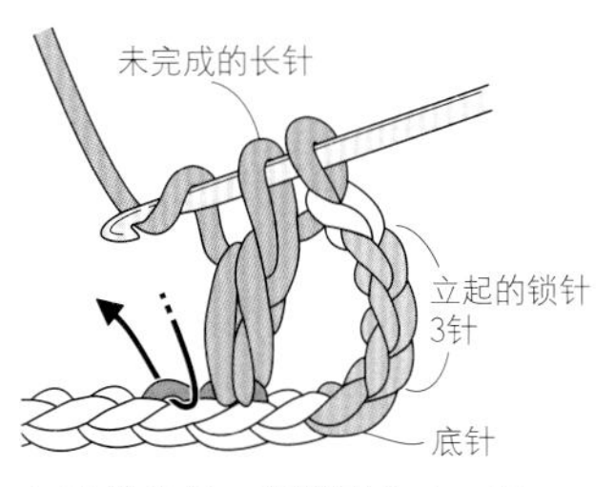

1. 绕线于针，钩针送入上一行（此处为锁针的里侧），钩编长针。但是，不需要最后的引拔（未完成的长针）。

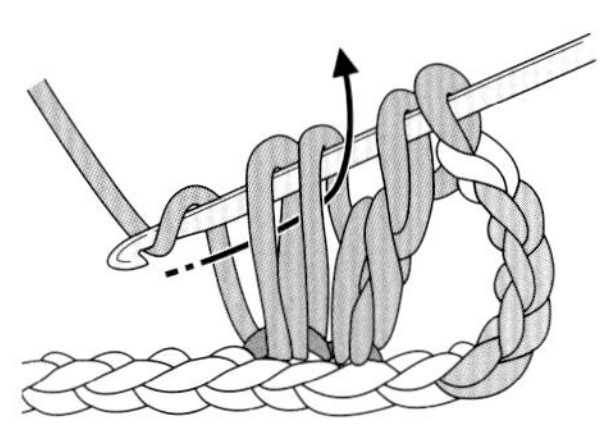

2. 继续在相邻的针圈处钩编接下来的长针。但是，这个针圈也不需要最后的引拔。

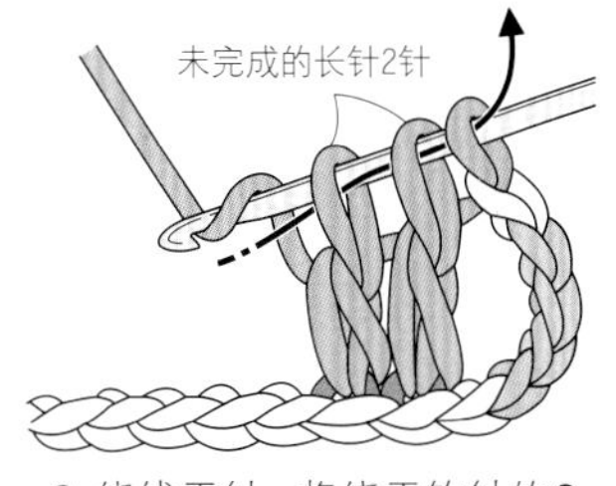

3. 绕线于针，将绕于钩针的3个针圈一起引拔。

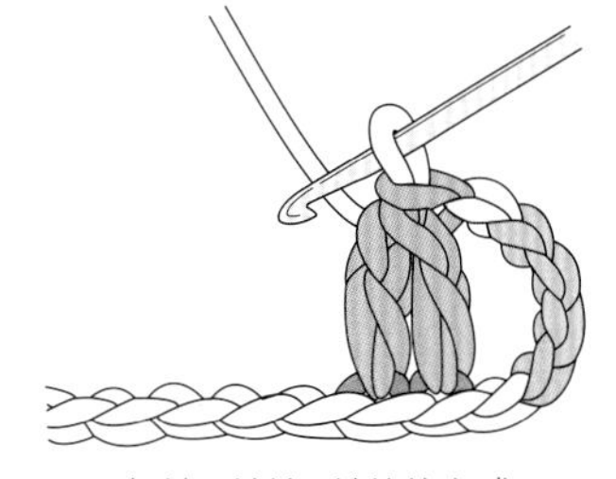

4. 长针2针并1针钩编完成。

※ 第70、71页的花样将钩针送入上一行长针的头2根，按此钩编方法进行。

长针3针并1针

将上一行的3针调整成1针（减针）的钩编方法。

1. 首先，同步骤1～3一样，钩编上述“长针2针并1针”。

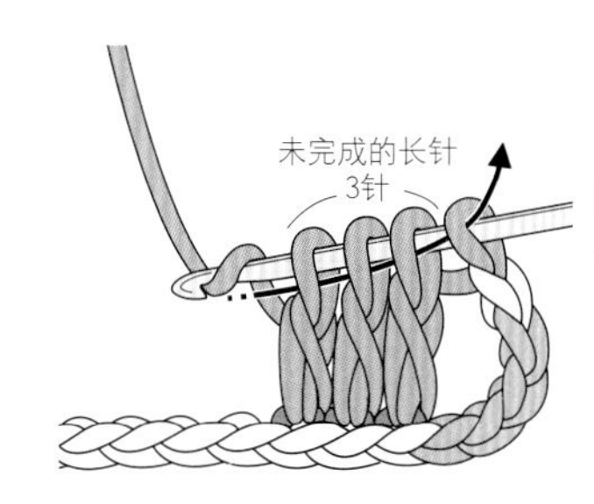

2. 再次钩编1针未完成的长针，最后绕线，将绕于钩针的4个针圈一起引拔。

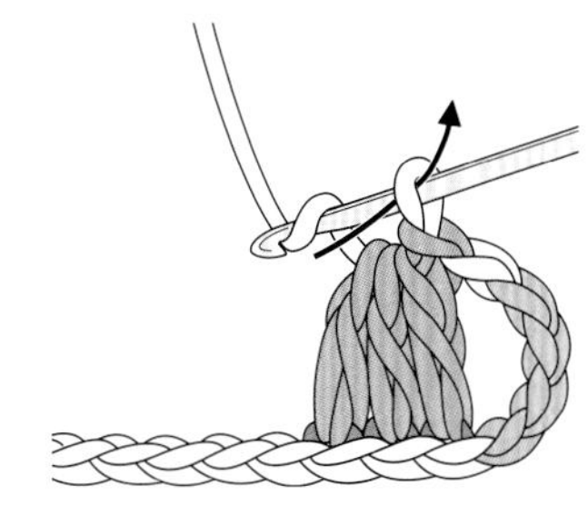

3. 长针3针并1针钩编完成，并继续钩编下一步。

中长针3针的球球针

在同一处钩编3针未完成的中长针，最后对齐引拔。
饱满立体的编针。钩编1针时及钩编入束时的记号各不相同。

编入1针时

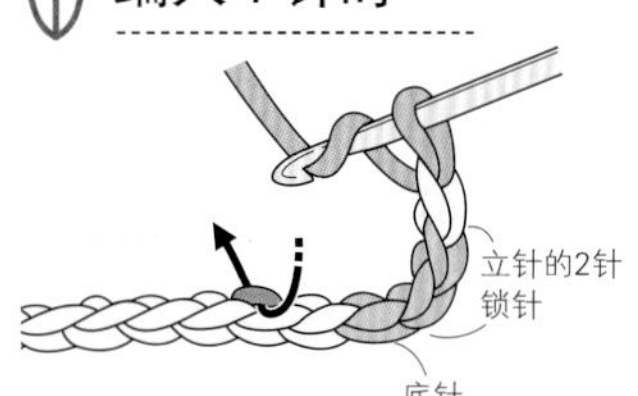

1. 绕线于针，钩针送入上一行（这里为锁针的里侧），引出锁2针长度的线。

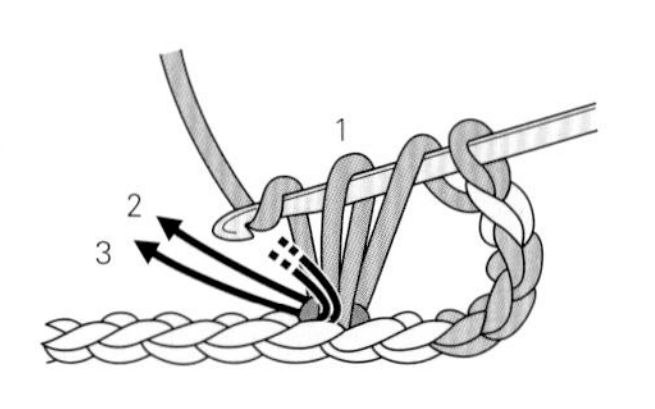

2. 之后，重复两次步骤1，在相同位置合计钩编3针未完成的中长针。

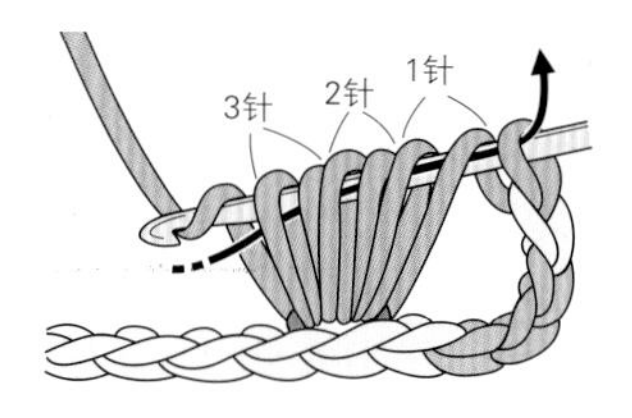

3. 此时，钩针已缠绕7个针圈。绕线后一起引拔。

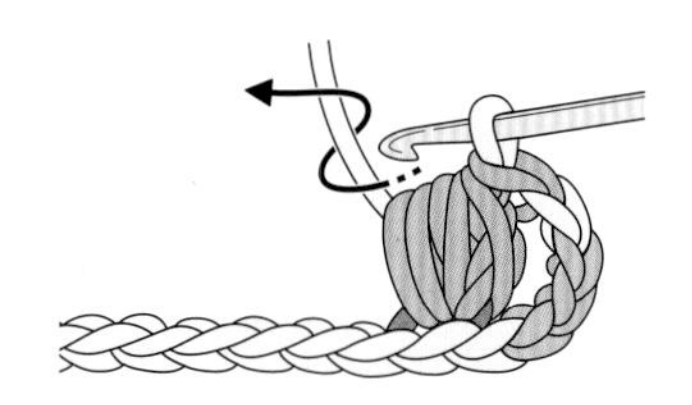

4. 中长针3针的球球针钩编完成。如果钩编接下来的锁针，编针就会稳定。

※ 第82及83页的花样将钩针送入上一行长针的头2根，按此钩编方法进行。

钩编入束时

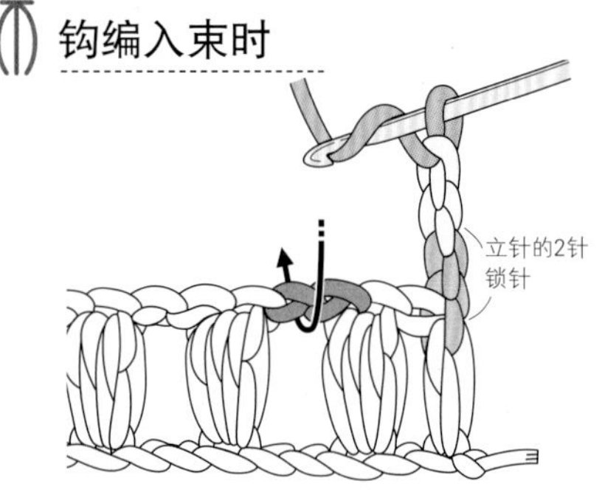

1. 钩针送入上一行锁针的下方空间，同编入1针一样钩编未完成的中长针。

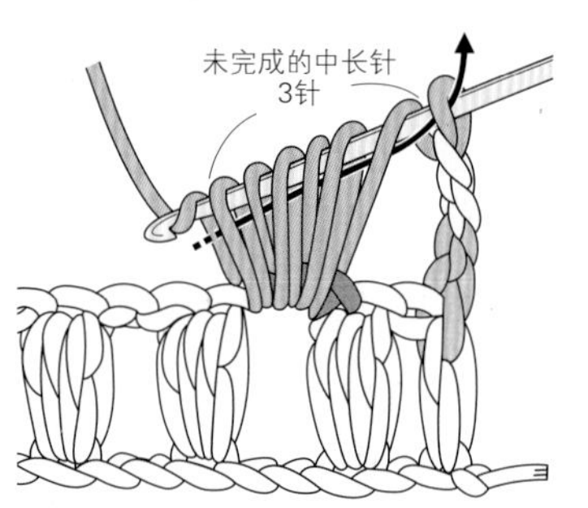

2. 未完成的中长针钩编完成3针。绕线后一起引拔。

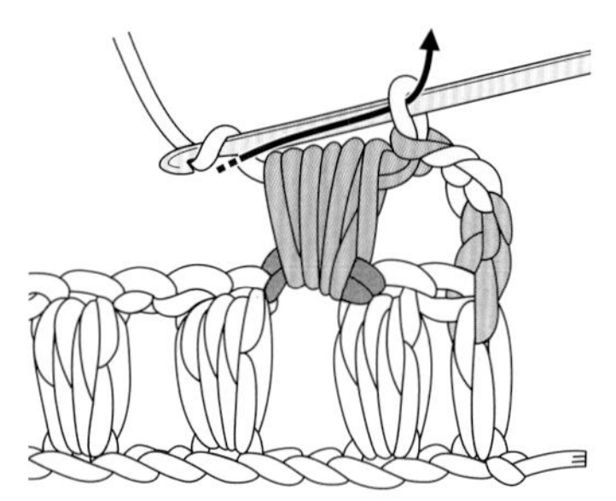

3. 中长针3针的球球针钩编完成。如果钩编接下来的锁针，编针就会稳定。

中长针2针的球球针

在同一处钩编2针未完成的中长针，最后对齐引拔。
方法同中长针3针的球球针一样。

1. 参照第“中长针3针的球球针”，在同一处钩编2针未完成的中长针。

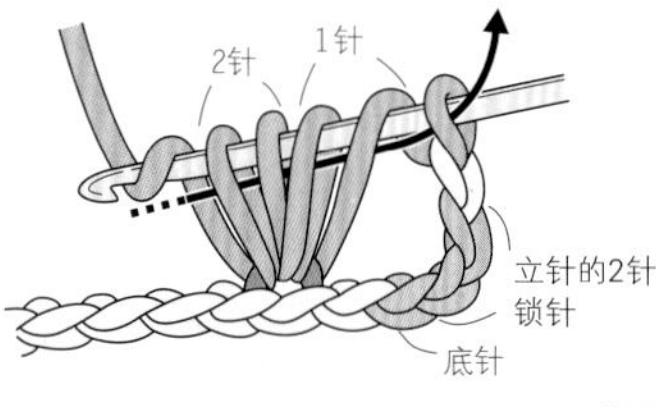

2. 绕线，将缠绕于钩针的5个针圈一起引拔。

3. 中长针2针的球球针钩编完成。

※ 第66、67页作品的边缘针将针送入短针的下一个锁针的第4针的头1根和里侧，按此钩编方法进行。

长针5针的爆米花针

比球球更加立体的编针。
呈现出凹凸别致的造型。

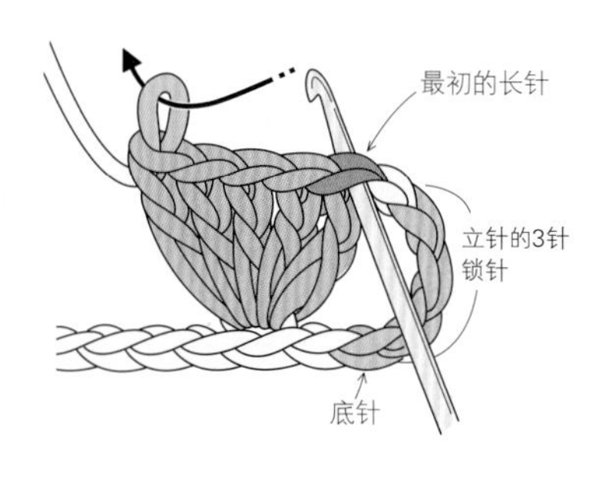

1. 在上一行（这里为锁针的里侧）的同一针圈处钩编5针长针，暂先松开钩针，重新送入最初的长针的头2根和之前的针圈。

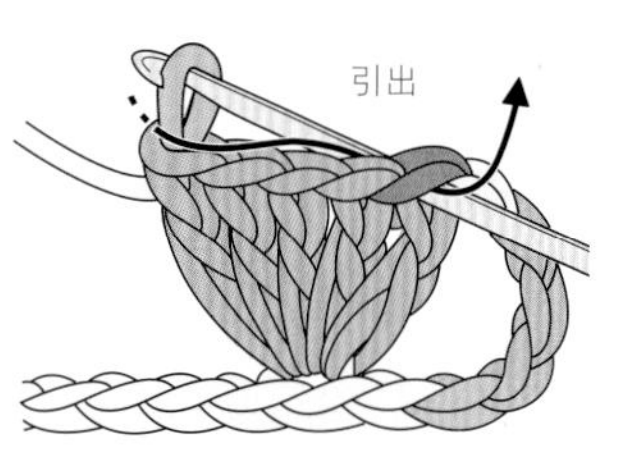

2. 继续如箭头所示引钩针，将第5针穿入第1针引出。

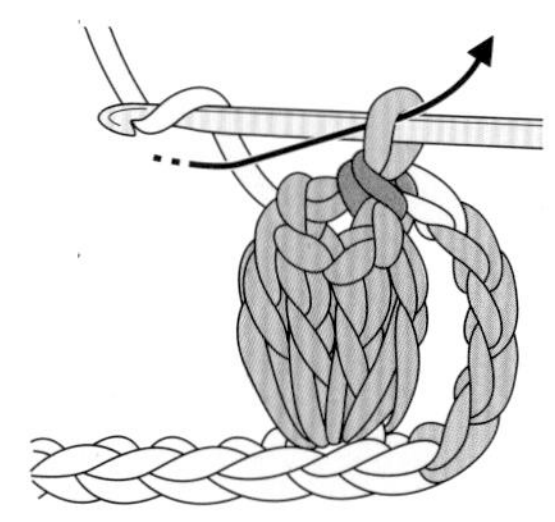

3. 钩编1针锁针拉收，长针5针的爆米花针钩编完成。

※ 第66、67页的花样将钩针送入上一行长针的头2根，按此钩编方法进行。

中长针3针的球球针

在同一处钩编3针未完成的中长针，最后对齐引拔。
饱满立体的编针。钩编1针时及钩编入束时的记号各不相同。

编入1针时

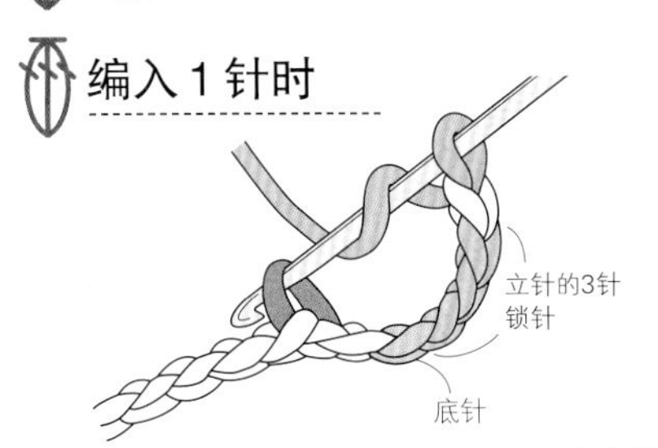

1. 绕线于针，钩针送入上一行（这里为锁针的里侧），引出锁2针长度的线。

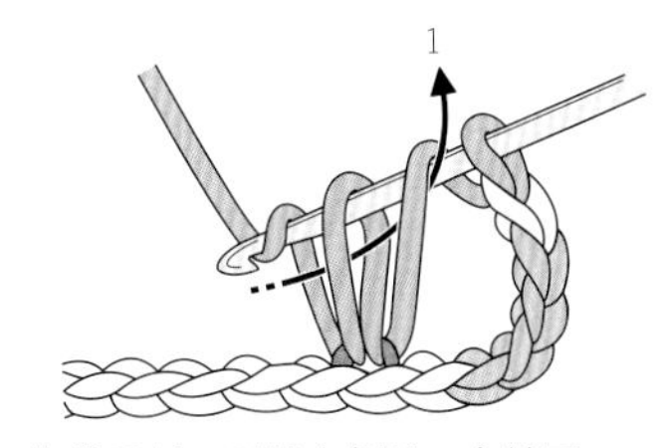

2. 绕线于针，引拔左侧的2个针圈。

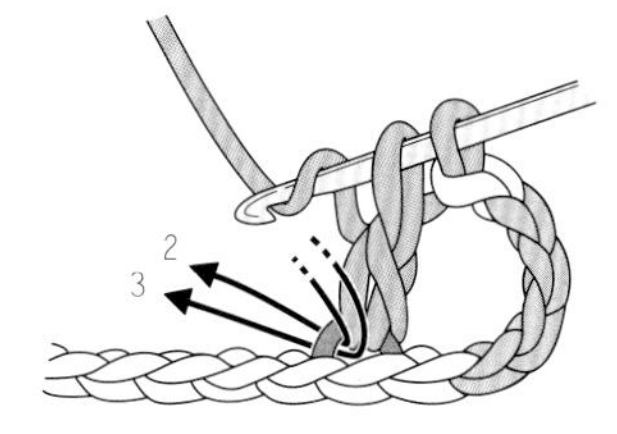

3. 重复两次步骤1及2，在同一处合计钩编3针未完成的长针。

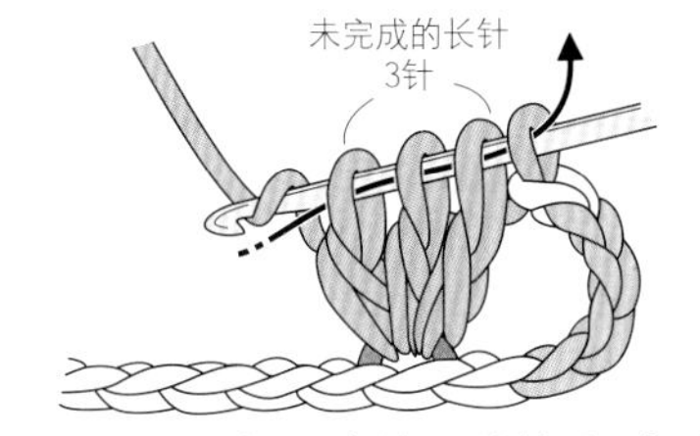

4. 此时，钩针已缠绕4个针圈。绕线后一起引拔。

5. 长针3针的球球针钩编完成。

钩编入束时

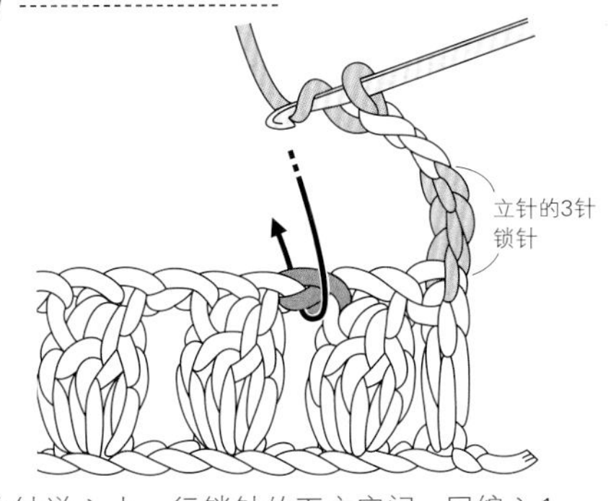

1. 钩针送入上一行锁针的下方空间，同编入1针一样钩编未完成的中长针。

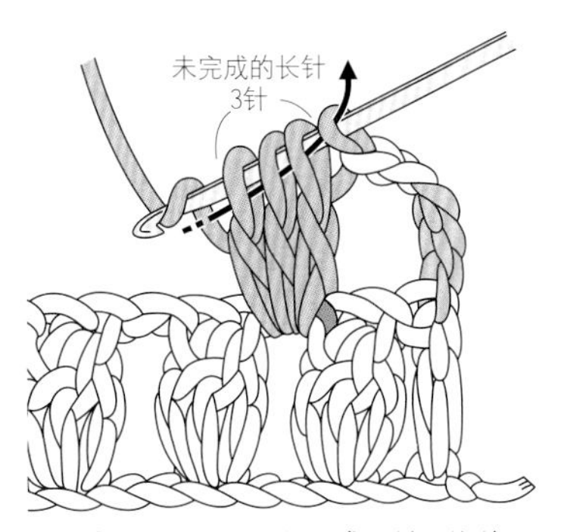

2. 未完成的中长针钩编完成3针。绕线后一起引拔。

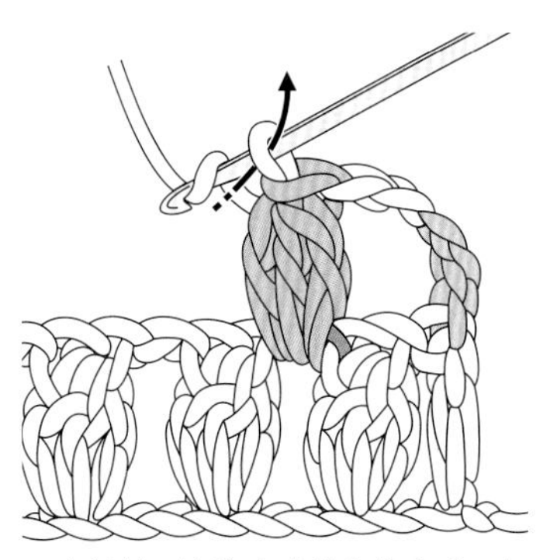

3. 中长针3针的球球针钩编完成。如果钩编接下来的锁针，编针就会稳定。

※ 第74、75页的花样将钩针送入起针的线环，按此钩编方法进行。

长针2针的球球针

在同一处钩编2针未完成的中长针，最后对齐引拔。
方法同中长针3针的球球针一样。

1. 参照第“中长针3针的球球针”，在同一处钩编2针未完成的中长针。

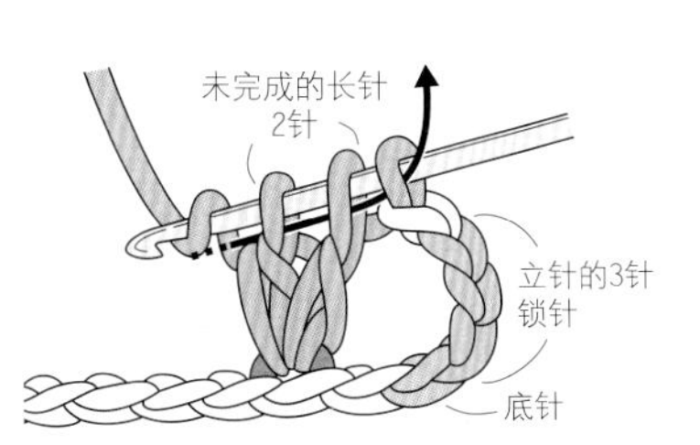

2. 绕线，将缠绕于钩针的3个针圈一起引拔。

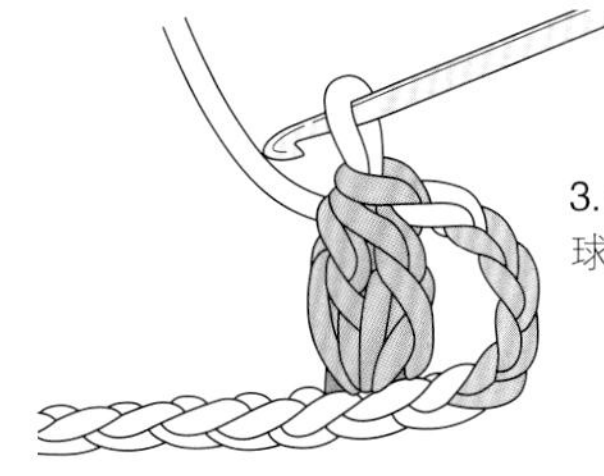

3. 中长针2针的球球针钩编完成。

※ 第36、39页的花样将钩针送入起针的线环，按此钩编方法进行。

3针锁针的引拔凸编

锁针的中途，制作出锁针形成的圆形编针。

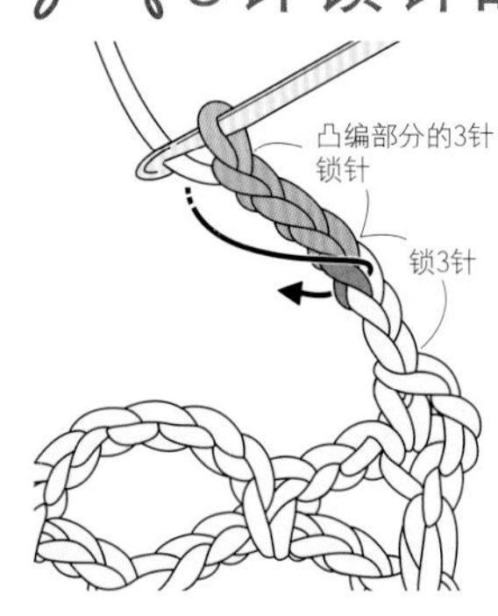

1. 钩编凸编部分的3针锁针，并将钩针送入其近身前锁针的半针和里侧。

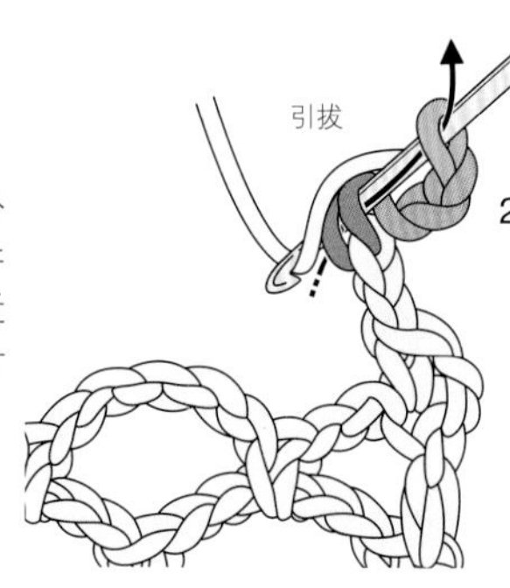

2. 绕线于针，引拔。

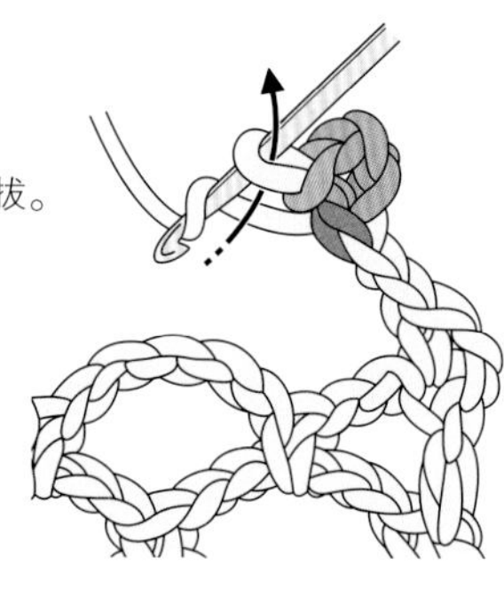

3. 钩编完成3针锁针的引拔凸编，继续钩编。

3针锁针的引拔凸编（钩编成长针）

在长针的头部接上锁针形成的圆形编针。针数增加，但要领相同。

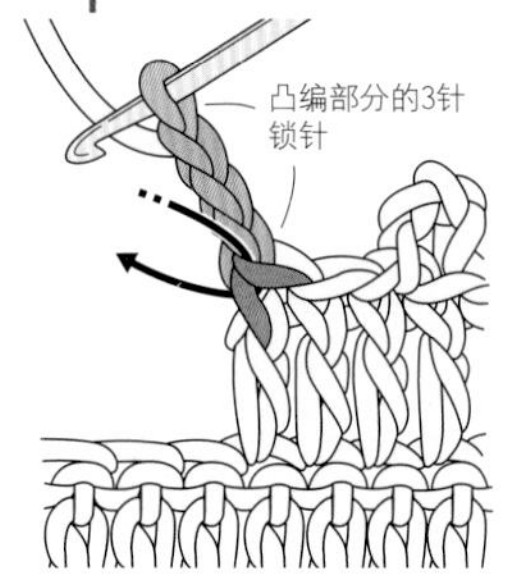

1. 长针之后钩编3针锁，钩针送入长针头部的近前半针和底部的1根线。

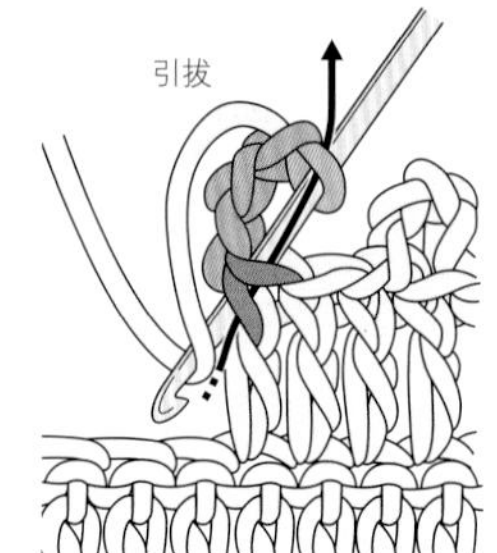

2. 绕线于针，引拔。

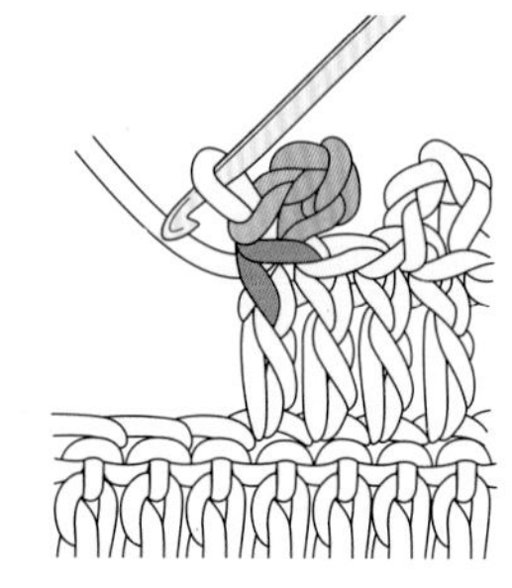

3. 钩编完成3针锁针的引拔凸编。

短针的正引上针

基本的钩编方法同短针一样，钩针送入位置不同。
从下方引上钩编。

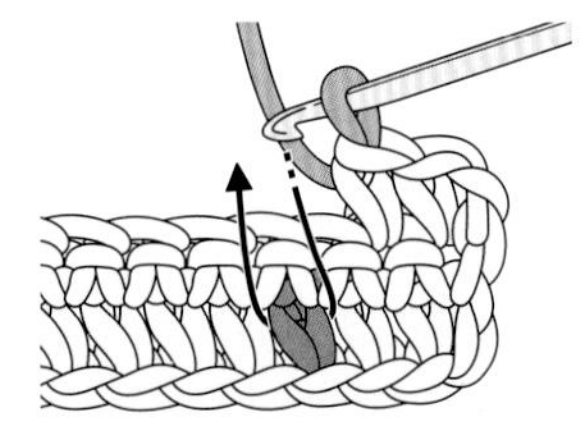

1. 从近前入针，挑起引上行（此处为上上一行）编针的底部整体。

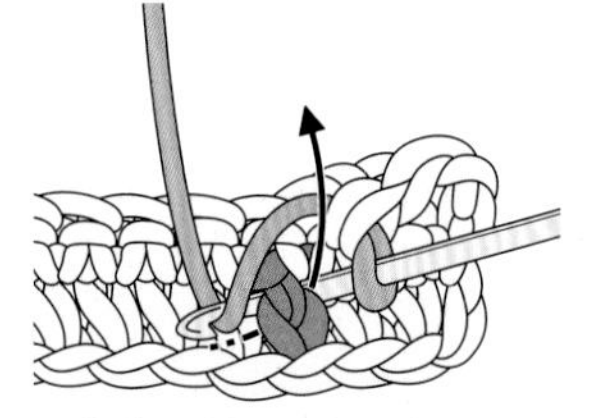

2. 绕线于针，稍长引出。

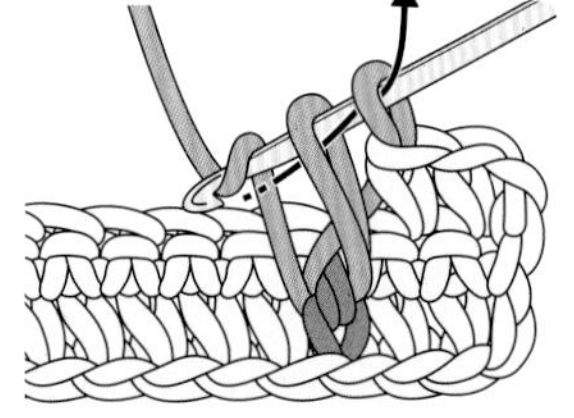

3. 再次绕线，引拔2个针圈。

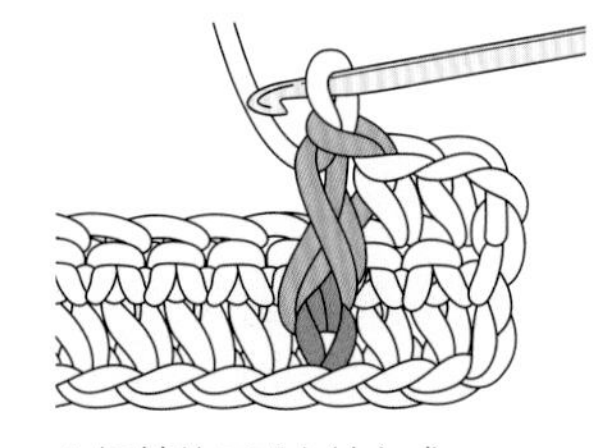

4. 短针的正引上针完成。

短针的背引上针

同“短针的正引上针”的钩针送入位置相反的钩编方法。

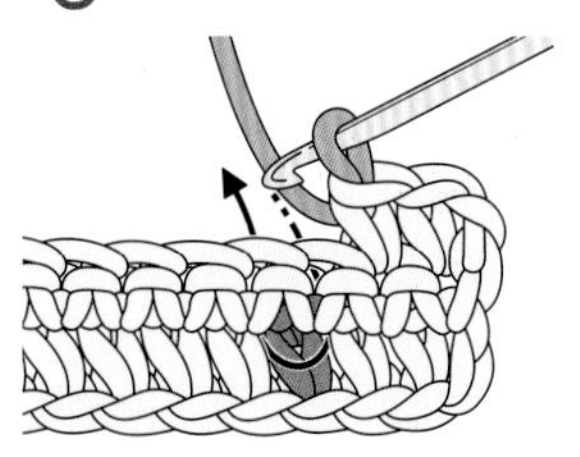

1. 从对称侧入针，挑起引上行（此处为上上一行）编针的底部整体。

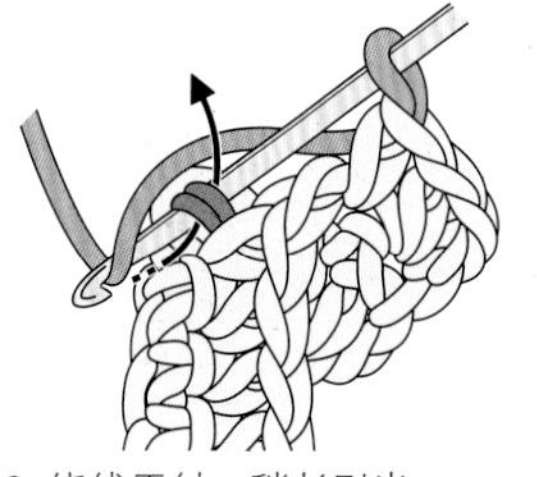

2. 绕线于针，稍长引出。

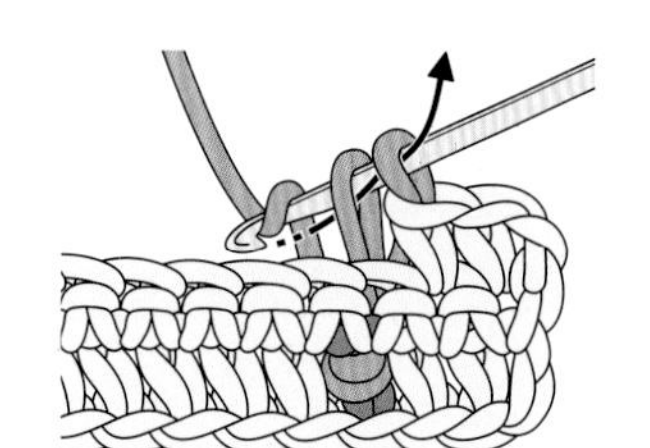

3. 再次绕线，引拔2个针圈。

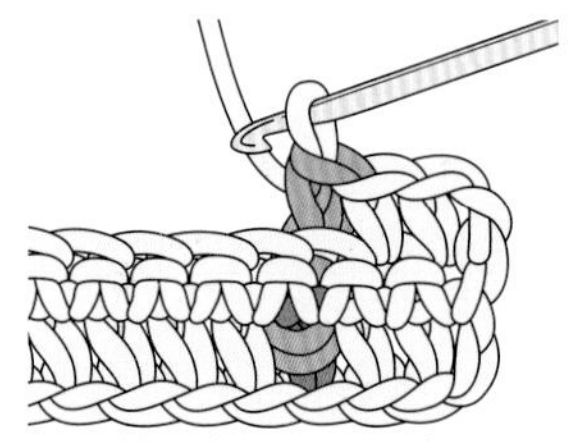

4. 短针的背引上针完成。

※ 第22页花样的编针记号为“背引上针”。但是，需要将织片翻到反面钩编，操作同“正引上针”一致。

本书中刊载的各种针法的索引

花样和花样的拼接

编织记号的钩编方法

本书围绕钩针编织的独立花样，介绍了不同大小、不同形状花样的钩编方法，以及花样和花样连接组合成作品的方法，分4个单元详细介绍了钩针编织的基础知识以及各种类型花样的钩编方法，并重点讲解了多达11种不同的花样拼接方法和拼接技巧，以及10款花样及花样拼接的精美作品范例。采用图解与照片步骤对应的方式讲解关键技术点和细节，为初学钩针编织的读者指点迷津。对于想深入了解花样拼接的钩针编织爱好者来说，有关钩针编织花样及拼接所有疑问都可以在本书找到答案。

图书在版编目（CIP）数据

钩针编织的花样&花样拼接 / [日] 宝库社编著；
张艳辉译. —北京：化学工业出版社，2012.11（2022.1 重印）
（手作人典藏版）
ISBN 978-7-122-15355-5

Ⅰ.①钩… Ⅱ.①宝… ②张… Ⅲ.①钩针－
编织－图解 Ⅳ.①TS935.521-64

中国版本图书馆CIP数据核字（2012）第220752号

ICHIBAN YOKUWAKARU MOTIF TO MOTIF TUNAGI (NV70058)

Photographers: SATOMI OCHIAI, MATHA KAWAMURA
Designer of the projects in this book :MAKIKO OKAMOTO, KAZEKOBO, JUN SHIBATA, MAYUMI KAWAI, JUNKO YOKOYAMA.
Original Japanese edition published in Japan by NIHON VOGUE CO., LTD.,
Simplified Chinese translation rights arranged with BEIJING BAOKU INTERNATIONAL CULTURAL DEVELOPMENT Co., Ltd.
本书中文简体字版由北京宝库国际文化发展有限公司授权化学工业出版社独家出版发行。

北京市版权局著作权合同登记号：01-2012-4944

责任编辑：高　雅　　　　装帧设计：尹琳琳
排版制作：朱其林　刘碧微　刘　科

出版发行：化学工业出版社（北京市东城区青年湖南街13号　邮政编码100011）
印　　装：北京瑞禾彩色印刷有限公司
880mm×1092mm　1/16　印张6　字数220千字　2022年1月北京第1版第9次印刷

购书咨询：010-64518888　　　　售后服务：010-64518899
网　　址：http://www.cip.com.cn
凡购买本书，如有缺损质量问题，本社销售中心负责调换。

定　　价：32.80元